Karin Blessing

111 Schätze der Natur im Schwarzwald, die man gesehen haben muss

emons:

Bibliografische Information der Deutschen Nationalbibliothek
Die Deutsche Nationalbibliothek verzeichnet diese Publikation
in der Deutschen Nationalbibliografie; detaillierte bibliografische
Daten sind im Internet über http://dnb.d-nb.de abrufbar.

© Emons Verlag GmbH
Alle Rechte vorbehalten
Herausgeber: Claus-Peter Hutter, Präsident von
NatureLife-International, www.naturelife-international.org
© der Fotografien: siehe Seite 240
© Covermotiv: Zdenka 1967/ Depositphotos.com
Layout: Eva Kraskes, nach einem Konzept
von Lübbeke | Naumann | Thoben
Kartografie: altancicek.design, www.altancicek.de
Kartenbasisinformationen aus Openstreetmap,
© OpenStreetMap-Mitwirkende, ODbL
Druck und Bindung: B.O.S.S Medien GmbH, Goch
Printed in Germany 2015
ISBN 978-3-95451-701-5
Originalausgabe

Alle Angaben und Hinweise in diesem Naturerlebnisführer besonderer Art sind sorgfältig recherchiert und beschrieben. Dennoch können weder Verlag noch Autoren eine
Garantie für den Zustand und das Auffinden von Naturdenkmalen und anderen Ele-
menten in der Landschaft geben. Bäume können vom Blitz getroffen werden oder
umstürzen, Gewässer können trockenfallen, Wege können geändert oder verlegt werden oder gar zuwachsen. Mitunter werden ausgewiesene Wege nicht mehr unterhal-
ten, Beschilderungen nicht mehr erneuert. Oder es werden Schilder gestohlen oder sie
überwuchern. Schwer aufzufindende Wegeführungen, also negative Veränderungen,
sollten den jeweils örtlichen Naturschutzbehörden und Tourismusstellen (am besten
immer über die betreffende Gemeinde oder Stadt) mitgeteilt werden, damit wir uns
alle auch künftig noch an den herrlichen Schätzen der Natur freuen können.

Unser Newsletter informiert Sie
regelmäßig über Neues von emons:
Kostenlos bestellen unter
www.emons-verlag.de

Vorwort

Der Schwarzwald, das ist mehr als eine unendlich scheinende Ansammlung von Bäumen, mehr als Bollenhut, Kuckucksuhr, Schinken und Schwarzwälder Kirschtorte, der Schwarzwald steckt voller großer und kleiner Naturwunder. Seit gewaltige Stürme einstige Fichtenmonokulturen umknickten wie Streichhölzer, erobert sich wilde Natur ihre einst angestammte Heimat Stück für Stück zurück. Kein Wunder, dass Wildkatze und Luchs wieder durch das sagenumwobene Mittelgebirge, seine Höhen und Schluchten streifen. Intakte Moore mit seltenen, insektenfressenden Pflanzen, wildromantische Schluchten, Täler mit wilden Wassern und Karseen. Lebendige Zeugnisse der Eiszeit.

Kleine und große Naturwunder in einer mythischen Landschaft warten darauf, entdeckt zu werden. Wer kennt etwa die Zitronengelbe Tramete? Wo kämpfen massige Hirsche gegeneinander? Wer kocht in Teufels Küche? Welch tolle Früchtchen gibt es in Bühl, und was hat es mit dem Erdweib im Teufelsloch auf sich? Diese und andere Fragen beantwortet auf gleichsam unterhaltsame wie spannende Weise das Buch »111 Schätze der Natur im Schwarzwald, die man gesehen haben muss«. Wundern ist erlaubt, staunen beim Wandern obligatorisch.

Claus-Peter Hutter
Herausgeber

111 Orte

E SPUR
ILDER.

1 Der Flößerpfad Kinzigtal

Wie die Kinzig hölzern wurde

Gibt es ein größeres Naturwunder als das Wasser? Es ist die Grundlage des Lebens und beeindruckt mit seiner unbändigen Kraft. Früh schon hat man mit dieser Kraft im Schwarzwald Mühlen angetrieben. Fast vergessen ist, dass das Wasser auch als Transportweg genutzt wurde: 700 Jahre lang wurde auf der Kinzig Holz geflößt.

Man weiß nicht genau, wann die Menschen im Kinzigtal mit dem Transport großer Stämme auf dem Wasser begonnen haben. Sicher ist jedoch, dass schon im Mittelalter Flößerei betrieben wurde, denn bereits beim Dombau zu Speyer im Jahr 1050 kam Schwarzwaldholz zum Einsatz. Im 14. Jahrhundert entdeckten Straßburger Kaufleute das Geschäft mit dem Holz für sich und erwarben große Waldgebiete im Kinzigtal. Dies war der Hauptimpuls für die Flößerei. Die Flößerstädte Wolfach und Schiltach unterhielten eigene Schifferschaften – Floßgesellschaften, die alles organisierten. Das brachte Geld in die Stadtkasse. Geflößt wurde über die Kinzig zunächst bis zum Rhein und dann weiter bis nach Holland, denn auch dort war der Holzhunger groß. Der Schiffsbau verschlang Stamm um Stamm aus dem Schwarzwald.

Die Flößerei war ein einträgliches Geschäft, aber auch ein schwieriges und gefährliches Handwerk. Von diesem Handwerk und seinen Menschen, den Flößern, erzählt der Flößerpfad Kinzigtal. Die Themen der einzelnen Stationen vermitteln Tafeln am Wegesrand oder sind per Audioguide abrufbar. »Floßfahrt durch die Hölle« oder »Oblast – was die Flöße transportierten« sind nur einige der Themen. Auf dem Abschnitt Alpirsbach–Wolfach dreht sich alles um die Holzflößerei. Ob von Gestörflößen, Binden und Spannstätten oder etwa von Sägen, Bretterflößen und Rebstecken, die einzelnen Stationen lassen die Vergangenheit wieder lebendig werden. Und die Flößerfigur Johann Steiger erzählt dazu Geschichten aus ihrem bewegten Leben und informiert, was alles mit dem Holz passierte.

Adresse ab 72275 Alpirsbach, der Abschnitt Alpirsbach beginnt am Kloster und zieht sich über 23 Stationen und 22 Kilometer bis Wolfach, www.floesserpfad.de | **Anfahrt** A 81 bis zur Ausfahrt Horb, weiter auf der B 28a Richtung Freudenstadt. Kurz vor Freudenstadt auf die B 294 Richtung Freiburg. Die nächsten Orte sind Loßburg und Alpirsbach (weitere Flößerpfad-Gemeinden folgen entlang der B 294). | **Tipp** Seit 900 Jahren liegt das Kloster Alpirsbach mitten in dem waldreichen Tal. Die große Klosterkirche, das stille Kloster und das interessante Museum machen den Besuch zu einem besonderen Erlebnis (www.kloster-alpirsbach.de).

2 Das Markgräflerland
Wo man den Süden schmeckt

Verlässt man die dunklen Tannenwälder mit den für den Schwarzwald so typischen Schluchten ganz im Südwesten Baden-Württembergs, gelangt man ins Markgräflerland. Wie der Name schon sagt,
herrschten hier einst die Markgrafen von Baden über die sanften
Hügel südlich von Freiburg. Auf den fruchtbaren Böden werden
Wein und Obst angebaut, die Landschaft ist eher lieblich und lädt
zum Wandern ein. Insbesondere im Frühjahr verwandeln die Blüten der Obstbäume das Markgräflerland in ein Paradies. Weiße bis
rosafarbene Schleier scheinen über der Landschaft zu liegen. Unter den Obstbäumen blühen stellenweise Margeriten, Salbei und
Flockenblumen um die Wette. Äpfel und Birnen, aber vor allem
auch Kirschen wachsen hier, aus denen das bekannte Schwarzwälder
Kirschwasser destilliert wird. Und das darf in keiner Schwarzwälder
Kirschtorte fehlen.

Die meisten Sonnentage Deutschlands soll es hier geben. »Wenn
du wüsstest, was hier für eine Sonne ist! Sie brennt nicht, sie lieb-
kost!«, schwärmte Anton Tschechow 1904 während einer Kur im
Markgräflerland in einem Brief an seine Schwester. Die Sonne ver-
wöhnt nicht nur die Menschen, sondern auch die Pflanzen. Kein
Wunder also, dass auch gute Weine gedeihen. Eine typische Sorte
für das Markgräflerland ist der Gutedel. Ihren Ursprung hat diese
Weinsorte wohl im alten Ägypten, von dort kam sie über die Schweiz
ins Badische. Rund 5.000 Jahre alt soll die Rebsorte sein. Kein Ge-
ringerer als der Markgraf selbst hat sie 1780 aus Vevey am Genfer
See hierhergebracht. Vermutlich wurde im heutigen Markgräflerland
auch zu Römerzeiten schon Weinbau betrieben. Kenner schreiben
dem Gutedel einen besonderen Terroirgeschmack zu. Das bedeutet, dass bei dieser Rebsorte Boden, Kleinklima und der jeweilige
Untergrund geschmacklich besonders zur Geltung kommen. Feine
Gutedelweine begleiten eine leichte Küche und werden – wie viele
Weißweine – jung getrunken.

Adresse 79415 Bad Bellingen | **ÖPNV** Mit dem RE von Freiburg (Breisgau) Haupt-
bahnhof nach Bad Bellingen. | **Anfahrt** A 5 bis Ausfahrt Müllheim / Neuenburg, auf der
B 378 Richtung Müllheim / Neuenburg, nach 500 Metern rechts Richtung Neuenburg
Mitte, an der Ampel rechts der Kreisstraße circa 14 Kilometer folgen. | **Tipp** Markgräfler
Wiiwegli: Vier Tagestouren führen von Weil am Rhein durch das Markgräflerland nach
Freiburg, vorbei an Weinbergen, Obstwiesen und durch heimelige Winzerdörfer mit einer
Vielzahl von Einkehrmöglichkeiten (www.wii-wegli.de).

3__ Der Battertfelsen

Übermächtige Felswelt

Wie eine unbezwingbare, steil aufragende Bastion thront das Felsmassiv des Battert über der Kurstadt. Die Markgrafen von Baden
erbauten auf diesem Felsmassiv wohl im 16. Jahrhundert eine Burg.
Heute ist es nur noch eine Ruine.

Der Battert, das ist eine ganze Reihe von eindrucksvollen etwa
50 Meter hohen Felstürmen aus verkieseltem Porphyrkonglomerat,
welche Jahrtausende der Erosion widerstanden haben – ein ideales
Gebiet für Kletterer, aber auch für an Felsen angepasste Flora und
Fauna. Hier kommen Natur und Mensch zusammen. Einige steile Felswände sind Übungshänge für Bergsteiger aus ganz Deutschland, der Rest gehört der Natur wie den Naturliebhabern, die etwa
Wanderfalken und Kolkraben beobachten können. So wurden bereits 1981 circa 33 Hektar Fläche als Naturschutzgebiet ausgewiesen. Der Battert und seine ihn umgebenden Buchenwälder sind als
Flora-Fauna-Habitat auch Teil des europaweiten Schutzgebietes
Natura 2000.

Während die nahezu vegetationsfreien Felsen potenzielle Vogel-
Brutgebiete sind, hat sich am Felsfuß ein artenreicher Wald entwickelt, der heute nicht mehr bewirtschaftet wird. Hier hat die Natur
das Sagen. Alte Buchen, Tannen, Hainbuchen und Linden haben
sich wie ein Gürtel um das Felsmassiv gelegt. In diesem Bannwald
darf seit 2002 Natur ganz Natur sein. Dies macht sich an der hohen
Artendichte bemerkbar. Der Hirschkäfer ist auf Totholz angewiesen
und findet an diesem Ort ideale Bedingungen. In den warmen Felsen und Blockhalden leben selten gewordene Reptilien wie Mauer-
eidechse und Schlingnatter. Während der Dämmerung kann man
in den Sommermonaten Fledermäuse auf ihrer lautlosen Insekten-
jagd beobachten. Wenn man Glück hat, auch Eulen. Die Wege sind
so angelegt, dass man die spannende Natur beobachten kann, so ga-
rantiert der vier Kilometer lange Battert-Erlebnispfad einzigartige
Naturerlebnisse.

Adresse bei 76530 Baden-Baden | **ÖPNV** Mit dem RE von Karlsruhe Bahnhof nach Baden-Baden Bahnhof; weiter zu Fuß. | **Anfahrt** A 5 bis Ausfahrt Baden-Baden, weiter auf der B 500 nach Baden-Baden, von dort über die Schloßbergtangente, Alter Schloßweg zum Alten Schloß Hohenbaden. | **Tipp** Lassen Sie sich vom Rennfieber in Baden-Baden / Iffezheim anstecken. Dreimal im Jahr ist Baden-Baden internationales Rennsportzentrum. Bei einem Frühstück auf der Clubterrasse kann man die edlen Pferde beim Training beobachten – sicherlich eine der schönsten Arten, den Tag zu beginnen.

4_ Der Luchspfad

Auf leisen Sohlen

Früher verfolgt, heute herzlich willkommen: Nach Biber, Wanderfalke, Uhu und Storch kehrt jetzt auch der König der Wälder in den Südwesten zurück: der Luchs. 2007 sichtete ein Autofahrer im Südschwarzwald das erste wild lebende Exemplar.

Der Schwarzwald als großes zusammenhängendes Waldgebiet mit seinen Schluchten, Klingen, Bannwäldern, Mooren und viel anderer Waldwildnis ist der ideale Lebensraum für den Luchs. Seit den 1980er Jahren gab es immer wieder Hinweise auf seine Anwesenheit wie Spuren im Schnee, Luchshaare oder Luchskot, Totfunde oder seine unheimlichen heiser klingender Rufe. Und die Zeichen, dass das »Pinselohr« sich wieder dauerhaft im Schwarzwald niedergelassen hat, mehrten sich. Luchse jagen Rehe, Feldhasen und – wo es noch welche gibt – auch Rothirschkälber. Sogar Füchse gehören zu ihrer Jagdbeute. Luchse sind Einzelgänger und kommen nur zur Paarungszeit zwischen Februar und April zusammen. Nach 72 bis 74 Tagen werden zwei bis fünf Junge geboren. Dazu zieht sich die Luchsmutter an eine geschützte Stelle wie etwa eine Felshöhle zurück. Geschlechtsreife Männchen markieren durch Rufe ihr Revier. Wölfe und Braunbären sind die einzigen natürlichen Feinde der Luchse. Doch diese haben noch nicht in den Schwarzwald zurückgefunden. Der größte Feind des Luchses ist aber der Mensch, da Straßen und Wege ihre Verbreitungsgebiete zerschneiden und es immer wieder zu tödlichen Begegnungen mit Autos kommt.

Wer dem scheuen Einzelgänger auf die Spur kommen will, ist auf dem Luchspfad bei Baden-Baden genau richtig. Auf dem interaktiven Pfad, der besonders auch für Kinder geeignet ist, kann man viel über den wunderbaren König Pinselohr und die Zusammenhänge in der Natur erfahren. Der Luchspfad ist das ganze Jahr zugänglich und kostet keinen Eintritt. Nur bei Eis und Schnee ist aus Sicherheitsgründen die Begehung nicht erlaubt.

Adresse 76530 Baden-Baden, www.luchspfad-baden-baden.de | **ÖPNV** Buslinie 245, von Bushaltestelle und Parkplatz am Plättig sind es circa 600 Meter zum Ausgangspunkt des Luchspfads an der Infohütte. | **Anfahrt** Über die Schwarzwaldhochstraße B 500 einfach zu erreichen, Zufahrt von Baden-Baden aus circa 15 Kilometer, vom Mummelsee über den Sand 12 Kilometer bis zum Parkplatz am Plättig. | **Tipp** Im Gegensatz zum Luchspfad hat man im Wildgehege Baden-Baden Beobachtungsgarantie. Zwar nicht vom Luchs, aber Rot-, Dam- und Muffelwild präsentieren sich von ihrer besten Seite. Das Wildgehege erreicht man über die Talstation der Merkurbahn, die Wege sind barrierefrei.

5— Der Merkur

Steinwürfel auf dem Baden-Badener Hausberg

Wie ein umgekehrter Trinkbecher erhebt sich der Hausberg der Baden-Badener 668 Meter hoch unweit der Stadt. In früheren Jahren hieß er Großer Staufenberg. Die Römer hatten ihn nach dem altrömischen Gott der Händler Merkur benannt – und so heißt er heute wieder.

Ein Ausflug – ob zu Fuß oder mit der Bergbahn – ist ein besonderes Erlebnis, die Aussicht vom Merkurturm ist sensationell.

Doch mindestens ebenso spannend ist die geologische Zeitreise durch 500 Millionen Jahre Geschichte, die Naturinteressierte hier oben machen können. Die Vielfalt der Baden-Badener Gesteine ist einzigartig, und genauso einzigartig ist die »Outdoor-Ausstellung« auf dem Merkur: Riesige Würfel aus den verschiedensten Gesteinen der Region liegen da, als hätte sie ein Riese einfach so hingewürfelt. Die ältesten wie etwa der Gneis sind über 500 Millionen Jahre alt, der jüngste stammt aus der Jetztzeit und ist aus Beton. Vor etwa 2.000 Jahren wurde bereits von den Römern das opus caemetinum als Baumaterial verwendet – nichts anderes als ein Vorläufer unseres heutigen Betons. Voraussetzung für die Ausstellung und den sich anschließenden geologischen Lehrpfad waren die Abbaustätten der gezeigten Gesteine in der unmittelbaren Umgebung.

Auch Würfel aus Gesteinen mit so exotisch klingenden Namen wie Ignimbrit oder Rhyolith gibt es. Beide sind um die 300 Millionen Jahre alt. Zahlreiche Villen der Kurstadt sind aus Rhyolith, der hier in vielen Steinbrüchen abgebaut wurde. Den für den Nordschwarzwald so typischen rötlichen Buntsandstein findet man etwa an Teilen der kunsthistorisch wertvollen Stiftskirche auf dem Baden-Badener Marktplatz wieder.

So kann jeder geologisch Interessierte zunächst auf dem Merkur die Gesteine kennenlernen, dann in der Natur die früheren Abbaustätten aufsuchen und zu guter Letzt in der Stadt selbst auf Spurensuche gehen.

Adresse MerkurBergbahn, Merkuriusberg 2 (Talstation), 76530 Baden-Baden | **ÖPNV** Mit den Buslinien 204 und 205 zur Talstation der Merkurbahn (fährt auf Wunsch durch Betätigen der Abfahrtstaste). Es gibt auch die Möglichkeit, den Gipfel zu Fuß zu erreichen. | **Anfahrt** A 5, Ausfahrt Baden-Baden, weiter auf der B 500 bis in die Stadt; dann bis zur Talstation Merkuriusberg. | **Tipp** Wer ob so viel Gestein müde geworden ist, kann im Merkurstüble oben auf dem Berg einkehren und regionale Speisen genießen oder sich einfach auf der Liegewiese entspannen.

6 Die Wolfsschlucht

Natur und Kultur verbinden sich

Die bekannten Felsen des Battert von Baden-Baden setzen sich in nordöstlicher Richtung der Stadt fort: Kapffelsen, Teufelskanzel, Engelskanzel, Verbrannter Fels und dazwischen die Burgruine Eberstein: Das Gebiet ist eine einzigartige Verzahnung von Natur und Kultur – fast ein kleines Naturwunder.

Geologisch gesehen sind diese Felsen, wie die Battertfelsen auch, verkieseltes Porphyrkonglomerat aus dem Rotliegenden. Das ist eine geologische Formation des Erdaltertums und um die 300 Millionen Jahre alt.

Die einstige Burg Eberstein war der Stammsitz der Grafen von Eberstein. Imposant ist die Schildmauer aus dem 11. Jahrhundert mit ihren großen Steinquadern aus Buntsandstein. Viele Dörfer der Umgebung gehen auf die Gründung derer von Eberstein zurück, auch die Klöster Herrenalb und Frauenalb wurden von ihnen gestiftet. Im 16. Jahrhundert verarmte das Geschlecht, die Burg wurde verlassen und verfiel. Heute bietet die Ruine Lebensraum für Eidechsen, Fledermäuse, Dohlen und Eulen.

Unweit der Burgruine befindet sich die Wolfsschlucht mit zwei Aussichtskanzeln: Teufels- und Engelskanzel. Das klingt nach Himmel und Hölle, doch von beiden Aussichtspunkten hat man einen phantastischen Blick und fühlt sich wie im Naturhimmel. Die Teufelskanzel soll auch Kaiser Wilhelm I. öfter besucht haben, wenn er zur Kur in der Bäderstadt weilte. Ein Schild am Wegesrand erzählt von einem Geiger, der einst in die darunterliegende Wolfsschlucht fiel. Er hatte sich auf dem Rückweg von einer Hochzeit befunden und etwas zu viel vom Neuweier Wein genossen. Um die Wölfe zu beruhigen, fiedelte der Geiger in seiner Todesangst bis zum Morgen. Was wohl geklappt hat. Doch dem Weinkonsum abgeschworen, wie er es seiner Frau versprach, hat er sicher nicht. Wölfe gibt es in dieser Schlucht schon lange nicht mehr, aber der gesamte Schwarzwald ist Wolfserwartungsland.

Adresse bei 76530 Baden-Baden, unterhalb von Ebersteinburg | **ÖPNV** Buslinie 214 der BBL bis Haltestelle »Michaelskapelle«; von dort noch etwa 10 Fußminuten bis zum Waldparkplatz auf der Passhöhe Wolfsschlucht. | **Anfahrt** A 5, Ausfahrt Baden-Baden, auf der B 500 in die Stadt, auf der Lichtentaler Straße zum Bahnhof, auf der Rotenbachtal-straße L 79a bis Hotel Wolfsschlucht und zur Passhöhe Wolfsschlucht, Waldparkplatz. | **Tipp** Die zehn Kilometer lange Rundwanderstrecke des Eberstein-Rundweges im Nord-osten von Baden-Baden beeindruckt durch ihre Naturvielfalt. Der Start befindet sich am Wanderportal Wolfsschlucht.

7_ Der Geroldsauer Wasserfall
Inspiration nicht nur für Romantiker

Natur und Komponieren gingen in der Romantik eine einzigartige Liaison ein. Ob Beethoven oder Brahms, diese Epoche war geprägt von tiefer Naturempfindung, die auch in den uns heute bekannten Werken zum Ausdruck kam. Auf Spaziergängen und Wanderungen in der Natur holten sich die Komponisten ihre Inspirationen. Johannes Brahms war ein stürmischer Wanderer, der zwischen 1865 und 1874 die Sommermonate in Baden-Baden verbrachte und dort schnellen Schrittes Landschaft und Natur in sich aufsog. Sicherlich war bei diesen Streifzügen durch die Schwarzwaldlandschaft auch der Geroldsauer Wasserfall öfter sein Ziel. Machen wir uns auf die Spuren des großen Meisters.

Nach eineinhalb Kilometern Fußmarsch entlang des Grobbaches – eines Nebenbaches der Oos – vorbei an gerundeten Steinen, teils mit Moosen überwachsen, teils nur grünlich schimmernd, gelangt man zum Wasserfall.

Schon der Weg dorthin ist ein besonderes Naturerlebnis, insbesondere im Mai und Juni, wenn der Duft der Rhododendren sich mit den manchmal leicht modrigen Gerüchen von Moos und Erde vermischt. Hunderte Büsche blühen dann in vielen Farben. Die Rhododendren sind im Schwarzwald nicht heimisch, wurden aber im 19. Jahrhundert zur Verschönerung der Landschaft angepflanzt. Mittlerweise sind sie verwildert und finden in der schattigen und feuchten Schlucht gute Bedingungen.

Der Wasserfall ergießt sich aus einer engen Klamm über eine neun Meter hohe Stufe des Bühlertalgranits in einen weiten Kessel, die sogenannte Bütte. Besonders zur Schneeschmelze im Frühjahr stürzen große Wassermassen in diesen türkisblauen Weiher. Im 18. Jahrhundert wäre es beinahe vorbei gewesen mit der Pracht der Wasserfälle, da sie die damals noch übliche Scheitholzflößerei behinderten. Heute steht der Geroldsauer Wasserfall unter Naturschutz und zählt zu den Glanzpunkten der Baden-Badener Landschaft.

Adresse Geroldsauerstraße (Wasserfallstraße), 76534 Baden-Baden–Geroldsau | **ÖPNV** Mit dem Stadtbus 204 (BBL) fährt man bis zur Endhaltestelle »Malschbach«. | **Anfahrt** Über die B 500 durch Baden-Baden bis zum Ortsende Geroldsau fahren und dort dem Schild »Zu den Geroldsauer Wasserfällen« circa 700 Meter folgen. | **Tipp** Im Haus Lichtenthal Nr. 8 – dort, wo der große Meister während seiner Baden-Badener Zeit zahlreiche seiner weltberühmten Kompositionen zu Papier brachte – herrscht noch die Aura des Schöpferischen (Maximilianstraße 85, www.brahms-baden-baden.de).

8_ Die Stadt des Wassers

Alles fließt … Wasser, Wärme, Wellness

Aquae villae – frei übersetzt »Wasserstadt« – nannten die Vasallen des römischen Kaisers Vespasian die heilenden Quellen des heutigen Badenweilers. Kurz darauf (75 v. Chr.) begannen sie, römische Bäder zu bauen – öffentliche Badehäuser zur Entspannung und Regeneration. Es gab nicht nur ein Thermalbad am Westrand des Schwarzwaldes, nein, wie Perlen einer Kette reihten sich hier schon damals Mineralbäder und Kurorte aneinander.

Doch was ist eine Thermalquelle, wie entsteht sie und warum gerade entlang des Schwarzwaldrandes? In der Tat sprudeln die meisten Thermalquellen im deutschen Südwesten. Und zwar im tektonisch aktiven Oberrheingraben. Grund dafür ist der geothermische Tiefengradient. Während im Oberrheingraben die Temperatur pro Kilometer Tiefe um 110 Grad zunimmt, werden etwa im Norddeutschen Tiefland nur 30 Grad Temperaturzunahme mit jedem Tiefenkilometer registriert. Gemäß dem Fachbuch der Bäderkunde oder Balneologie sind »alle Quellen, deren Temperatur 20 Grad übersteigt, als warme Quellen zu bezeichnen«.

Die Thermen dienen nicht nur der Entspannung, sondern auch der medizinischen Anwendung. Die Römer nannten das sanus per aquam (»Gesundheit durch Wasser«), was auch viele Kur- und Badegäste bestätigen können.

Trotzdem ist vielen Baden-Württembergern und anderen Landsleuten nicht bewusst, was für ein Geschenk der Natur sie quasi vor der Haustür haben, obwohl ein gewisser Dr. Josef Weber bereits 1928 in den Badener Neujahrsblättern die Thermalquellen als Wunder beschrieb. Dabei schlug er vor, sie mit einem Heimatfest – einem Fest des heiligen Wassers – zu ehren. Diese Idee konnte wohl nicht realisiert werden. Aber der große und andauernde Zuspruch der Thermalbäder in Badenweiler und anderen Orten entlang des Oberrheingrabens gibt ihm recht. Denn Wasser und Wärme ergeben Wohlgefühl für Körper und Seele.

Adresse 79410 Badenweiler | **ÖPNV** Ab Müllheim mit regionalen Bussen (Nummer 111) nach Badenweiler. | **Anfahrt** Über die A 5 Karlsruhe–Basel bis Ausfahrt Müllheim, dann Richtung Neuenburg, Müllheim nach Badenweiler. | **Tipp** Wie hoch die römische Badekultur vor 2.000 Jahren bereits entwickelt war, kann man in den hervorragend erhaltenen und gut restaurierten römischen Baderuinen in Badenweiler studieren (ganzjährig geöffnet).

BAD HERRENALB

9_ Der Falkenfelsen
Refugium von Wanderfalke und Kolkrabe

Klettern für den Naturschutz? An den Falkenfelsen hoch über der Stadt Bad Herrenalb ist das ab und zu notwendig. Selbst in der nahezu vegetationsfreien Felslandschaft siedeln sich in Spalten und Ritzen auf minimaler Humusschicht Sträucher und junge Bäume an, die von einem Team der Bergwacht entfernt werden. Hierbei handelt es sich um gezielte Naturschutzmaßnahmen, um zum einen den dort lebenden Wanderfalken und Kolkraben die Einflugschneisen freizuhalten und andererseits räuberischen Mardern den Zugang zu den Horsten zu erschweren. Denn im besonders geschützten Flora-Fauna-Habitat-Gebiet sollen den »Flaggschiffarten« der Vogelwelt und natürlich auch anderen Felsbewohnern optimale Lebensbedingungen geboten werden.

Nachdem der Wanderfalke in den 1960er Jahren vom Aussterben bedroht war, haben sich die intensiven Schutzbemühungen inzwischen ausgezahlt. Die Population hat sich in den Felsgebieten in Südwestdeutschland stabilisiert. Es versteht sich von selbst, dass man in solch einer sensiblen Landschaft das Wegegebot der Naturschutzbehörde befolgt. Denn auch vom Weg aus ist ein besonderes Naturerlebnis möglich. Insbesondere die neugierigen Kolkraben können gut beobachtet werden. Mit ihren bis zu 64 Zentimetern Größe sind die stahlschwarzen Gesellen die größten Rabenvögel überhaupt. Haben die Allesfresser viel Beute gemacht, verstecken sie diese in Felsspalten.

Faszinierend ist die Intelligenz dieser Vögel. Forschungen haben ergeben, dass die »Ehepartner« sich gegenseitig mit individuell bevorzugten Lauten – also quasi persönlich – rufen. So rief im Übrigen auch Konrad Lorenz, der berühmte Verhaltensforscher, seinen Kolkraben mit einem lange geübten »Roa«. Solche Verhaltensbeobachtungen brauchen jedoch sehr viel Zeit und sind am Falkenfelsen nicht zu machen. Deshalb einfach innehalten, den Blick schweifen lassen und die Natur genießen.

Adresse bei 76332 Bad Herrenalb | **ÖPNV** Von Karlsruhe Hbf mit der S 1 im Halb-
stundentakt bis Bad Herrenalb. | **Anfahrt** A 5 Ausfahrt Ettlingen, weiter über die L 564 bis
Bad Herrenalb. Am Kreisverkehr am Ortseingang die erste Ausfahrt nehmen und parken.
Die Felsen liegen in unmittelbarer Nähe. | **Tipp** In der Stadtmitte kann man die Kloster-
kirche des ehemaligen Zisterzienserklosters und die dazugehörenden Gebäude, Mauern
und Ruinen entdecken. Der »Historische Weg« gibt weiterführende Informationen.

10 Die Kiefer auf der Ruine

Paradiesischer Mauerbaum

Ist es Natur oder Kultur? In der Ruine des ehemaligen Zisterzienserklosters von Bad Herrenalb verbindet sich beides zu einer eigenartigen Symbiose. Stolz thront über dem rötlichen Buntsandstein eine Kiefer und konkurriert in ihrer Höhe mit dem nahe liegenden Kirchturm. Wie auf diesem kargen Untergrund der Kirchenruine ein Baum mit nahezu 30 Zentimeter Stammdurchmesser wachsen kann, ist rätselhaft und grenzt an ein kleines Wunder. Vielleicht hat es mit dem »Paradies« zu tun, wie die Vorhalle zur Klosterkirche in Bad Herrenalb genannt wird?

Kiefern sind zwar genügsame Gewächse, doch ein paar Nährstoffe braucht auch dieser Baum, um zu überleben. Offensichtlich genügt das bisschen aus dem kärglichen Mauersubstrat und dem Regenwasser. Untersuchungen haben ergeben, dass die Wurzeln durch das zweischalige Mauerwerk bis in den Boden hinabreichen und somit die Standfestigkeit garantieren.

Die Waldkiefer ist der am weitesten verbreitete Nadelbaum Deutschlands. Was ihre Robustheit angeht, wird sie treffend als »eine bescheidene Schönheit mit zähem Überlebenswillen« beschrieben. 2007 wurde sie deshalb zum Baum des Jahres gekürt. Sie kann bis zu 1.000 Jahre alt werden und auf nährstoffreichen Böden einen Stammdurchmesser von bis zu 1,5 Meter erreichen. Auf kargen Moorböden haben 100 Jahre alte Kiefern jedoch oft nur 20 bis 30 Zentimeter Stammdurchmesser. Die Kiefer auf dem östlichen Torbogen des Paradieses von Bad Herrenalb ist jedoch nachweislich schon fast 200 Jahre alt. Auf trockenen Standorten gedeihen Kiefern eigentlich eher strauchförmig – die Buntsandsteinmauer ist sicher ein trockener Standort, aber das hinderte diese Pflanze nicht, sich zu einem prachtvollen Exemplar zu entwickeln.

Waldkiefern sind sehr harzreich und werden zur Harzgewinnung fischgrätenartig angeritzt – diese Prozedur bleibt dem Mauerbaum mit Sicherheit erspart.

Adresse Klosterstraße, 76332 Bad Herrenalb | **ÖPNV** Von Karlsruhe Hbf mit der S 1 im Halbstundentakt bis Bad Herrenalb. | **Anfahrt** A 5 Ausfahrt Ettlingen, weiter über die L 564 bis Bad Herrenalb. Ab dem Ortseingang ist der Weg zur Klosteranlage ausgeschildert. | **Tipp** Lassen Sie sich auf einer Führung durch das Paradies und die Bad Herrenalber Klosterkirche in die Welt der Zisterzienser entführen (mehr dazu unter Ev. Kirchengemeinde, Im Kloster 9, Tel. 07083/524255, E-Mail pfarramt.bad-herrenalb-1@elk-wue.de).

11__Der Glaswaldsee

Romantischer Karsee

Wildsee, Sebenweiher, Glaswaldsee – verschiedene Namen, aber gemeint ist immer dasselbe Gewässer: einer der schönsten Karseen im Schwarzwald! Der heutige Name deutet auf eine frühere Glashütte im Seebachtal hin, in der die Glasflaschen zur Abfüllung des Rippoldsauer Sauerbrunnens im 17. Jahrhundert hergestellt wurden. Der See liegt im Naturschutzgebiet und ist nur zu Fuß zu erreichen. Umso größer ist das Naturerlebnis, das man schon auf dem Weg dorthin erfahren kann. Von St. Petersal aus führt ein wunderschöner Wanderweg über den Glaswaldsee nach Bad Griesbach. Über den Aussichtspunkt Badkanzel, den Mülbensattel und das »Untere-See-Ebene-Sträßchen« geht's hinauf bis auf 960 Meter zur See-Ebene. Hier am Glaswald-Seeblick sind Bänke und Tische aufgestellt, die zu einer Rast einladen und einen herrlichen Ausblick bieten. Ein Vesper sollte man allerdings selbst dabeihaben. Ein steiler Abstieg auf einem schmalen Pfad führt zum Glaswaldsee hinab. Dunkelblau liegt er da, und es ist kein Wunder, dass er auch »das Blaue Auge« genannt wird. Wenn die Sonne scheint, sich die Bäume im Wasser spiegeln und das dunkle Wasser funkelt wie ein Smaragd, ergeben sich unbeschreibliche Anblicke.

Wie bei jedem Karsee schob vor rund 10.000 Jahren der Gletscher einen Endmoränenwall vor sich her, der als Wassersperre fungierte. Manchmal hält so ein natürlicher Wall dem Wasserdruck nicht stand. So war es einst auch beim Glaswaldsee. Man kann sich kaum vorstellen, mit welcher Kraft das Wasser sich seinen Weg in das Tal suchte. 1743 ereignete sich solch eine Katastrophe. Die Strömung riss gleich mehrere Bauernhöfe und die dort lebenden Menschen mit sich. Doch die Überlebenden verschlossen den Durchbruch und nutzten fortan den See als Schwellgewässer für die Holzflößerei.

Der Rückweg der Tour führt über die Lettstädter Höhe und den Habererturm zum Bahnhof Bad Griesbach.

Adresse 77740 Bad Peterstal–Griesbach | **ÖPNV** Von Offenburg Bahnhof oder Appenweier mit der Ortenau-S-Bahn, Haltstelle Bahnhof Bad Peterstal. | **Anfahrt** Über die A 5, die B 28 erreicht man Bad Peterstal–Griesbach; Parken auf dem Parkplatz am Bahnhof. | **Tipp** Ein Aufstieg auf den 1899 erbauten Habererturm wird mit einem schönen Ausblick ins Renchtal belohnt.

12_Das Wasser im Renchtal
Kristallklar

»Der Saurbrunnen im Grießbach schlug mir je länger je besser zu, weil sich nit allein die Badegäste gleichsam täglich mehrten, sondern weil der Ort selbst und die Manier zu leben mich anmutig zu sein düngte«, so beschrieb der Barockdichter von Grimmelshausen die Renchtäler Badekultur. Seine Romanfigur Simplizissimus verweilte wohl mehrere Jahre an einem »Sauerbrunnen«, vermutlich in Peterstal. Heute ist Bad Peterstal–Griesbach ein bekannter Kneippkurort mit Mineral- und Moorheilbad. Weitere Kurorte sind Bad Griesbach, Bad Freyersbach im Renchtal und das heute fast unbekannte Bad Antogast im benachbarten Maisachtal. Alles auf der Grundlage des dort vorkommenden Sauerbrunnens, ein Wasser mit natürlicher Kohlensäure. Heute sagt man Mineralwasser dazu. Dieses muss per Verordnung vor Ort abgefüllt werden, und Zusammensetzung und Temperatur müssen konstant bleiben. Je nach Mineralzusammensetzung hat das Wasser einen anderen Geschmack. Allen, die noch nicht ihren persönlichen Favoriten gefunden haben, hilft vielleicht der Mineralwasserkompass im Internet.

Die Renchtäler Mineralquellen wurden 1584 erstmals bekannt gemacht und als Heilmittel einer breiteren Öffentlichkeit angeboten. Fortan kamen die Gäste aus nah und fern, um sich durch das Mineralwasser kurieren zu lassen, sollte es doch eine besonders wohltuende Wirkung auf den Magen und die Verdauung haben. Selbst Kaiser Wilhelm I., Rainer Maria Rilke, Victor Hugo und Johannes Brahms zählten Anfang des 20. Jahrhunderts zu den Liebhabern dieses Schwarzwaldwassers. Doch auch der Versand des Wassers setzte bald ein. Es wurde in verkorkten und irdenen Krügen verschickt, 1836 gingen etwa 346.000 Flaschen und Wasserkrüge auf die Reise. Daraus hat sich heute eine florierende Mineralwasserindustrie entwickelt, mit zwei bekannten Wasserfirmen alleine in Bad Peterstal: Schwarzwaldsprudel GmbH und Bad Peterstaler Mineralquellen GmbH.

Adresse 77740 Bad Peterstal–Griesbach; Trinkhalle im Hotel Therme Bad Teinach, Otto-Neidhart-Allee 5 | **ÖPNV** Mit dem IC bis Offenburg Bahnhof, weiter mit dem SWEG-Zug Richtung Bad Griesbach bis Bad Peterstal Bahnhof fahren. | **Anfahrt** Über die A 5 bis Ausfahrt Appenweier, weiter auf der B 28 bis Bad Peterstal–Griesbach fahren. | **Tipp** Unter dem Motto »Transparent so wie unser Produkt« kann man bei der Firma Schwarzwald-sprudel eine Betriebsführung machen (Termine unter Tel. 07806/98558601 oder per Mail buchen).

13___Im Bannwald Teufelsries

Kobolde der Baumwipfel

Ob das Wappen der Edelbrennerei Marder in Albbruck im Süd-schwarzwald den selten gewordenen Baummarder oder den sich oft im Siedlungsbereich herumtreibenden Steinmarder zeigt, kann nicht mit Gewissheit gesagt werden. Während die Familie Marder in ih-rer Manufaktur im Südschwarzwald Naturprodukte veredelt, ist und bleibt der Baummarder ein Naturbursche. Es gehört zu den Glücks-fällen oder vielleicht sogar Naturwundern, ihn zu Gesicht zu be-kommen.

Den ehemals auch Edelmarder genannten Tieren wurde in frü-herer Zeit wegen ihres Felles nachgestellt. Bereits in einem Natur-buch von 1817 wird auf den drastischen Rückgang der Population verwiesen. Die Jagd erfolgte mit sogenannten Prügelfallen und war wohl recht erfolgreich. Wenn jetzt im Schwarzwald dieser scheue Geselle wieder verstärkt auftaucht, ist dies aber nicht nur dem Jagd-verbot zuzuschreiben, sondern vor allem der Ausweisung von Natur-schutzgebieten und Bannwäldern sowie dem hohen Altholzbestand im Nationalpark.

Dabei ist der Bannwald so etwas wie ein Freilandlabor, in dem nur die Natur arbeitet. 1990 war das Gebiet Teufelsries stark von ei-nem Wirbelsturm betroffen, und die Forstverwaltung entschied, das Areal als Bannwald auszuweisen, damit sich die Natur ungestört er-holen konnte. In den letzten 25 Jahren hat sich auf diese Weise ein naturnaher Bergmischwald entwickelt, in dem etwa der Baummarder wieder ein Zuhause gefunden hat.

Oft ist er Nachmieter einer Schwarzspechthöhle oder eines Eich-hörnchenkobels. Der wendige Marder dankt es den Hörnchen we-nig, denn sie sind seine Hauptbeute. Aber auch Insekten, Waldvögel und deren Eier, Lurche und Reptilien werden gefressen. Sein Erken-nungszeichen ist der weißlich-gelbe bis rot-gelbe Kehlfleck. Auch sein »Vetter«, der Steinmarder, hat diesen Kehlfleck. Doch bei ihm ist er weiß und nach hinten gegabelt.

Adresse bei 77776 Bad Rippoldsau–Schapbach | **Anfahrt** Über die B 500 (Schwarzwald-hochstraße) bis zum Wanderparkplatz Alexanderschanze (Abzweig B 28). Der gelben Raute Richtung »Wolfsursprung« und »Holzwald« folgen. Nach circa 1,5 Kilometern erreicht man die große Wegkreuzung »Abgebrannte Hütte«. Auf den Bannwald »Teufels-ries« weist nur ein kleines Schild hin. Ab hier führen zwei Forstwege nach Westen: Für einen Rundkurs nimmt man den Weg (Wegweiser am Floßweiher) unterhalb des Bann-waldes vorbei, steigt zur Hochfläche auf und geht auf dem Weg (Wegweiser Heuplatz) am oberen Rand des Bannwaldes wieder zurück (schlecht ausgeschildert; Wanderkarte / GPS erforderlich). | **Tipp** Zwischen Bad Rippoldsau und Schapbach liegt der zehn Hektar große »Alternative Wolf- und Bärenpark«.

14__Der Burgbachfelsen
Besiedlung damals und heute

Selbstschutz ist ein Grundbedürfnis des Menschen. Deshalb ist es nicht verwunderlich, dass in früherer Zeit Behausungen oder Burgen auf einem Felsen, Bergsporn oder Ähnlichem errichtet wurden. Auch wenn man von dem einstigen Gemäuer nichts mehr sieht, deuten schon der Name des Felsens und Gewannnamen wie Burgwaldhöhe, Burgwald oder Burgschlag darauf hin, dass dieses Areal einmal besiedelt gewesen sein muss. Vermutlich zur Zeit des Mittelalters. Untermauert wird diese These durch eine Urkunde des Klosters St. Gallen aus dem Jahr 786, der zufolge dem Grafen Gerold – einem Schwager Karls des Großen – das Gut Burbach geschenkt wurde. Heute krönt den Burgbachfelsen ein Aussichtspavillon. Diejenigen, die das Naturdenkmal erklommen haben, erwartet eine wunderbare Aussicht ins Burgbachtälchen.

Die Menschen erkannten schon früh die Vorteile der Felsen als sichere Siedlungsorte. Es sind – mit ganz wenigen Ausnahmen – Landschaftsteile, die in ihrer ursprünglichen Ausprägung seit der letzten Eiszeit vor etwa 10.000 Jahren erhalten geblieben sind. Durch ihre extremen Standortbedingungen ließen sie keine Bewaldung zu. Allenfalls Spezialisten aus der Tier- und Pflanzenwelt, die solch extremen Bedingungen trotzen können, haben hier ihren Lebensraum.

Naturwunder vollziehen sich am Felsen im Großen durch die majestätische Wirkung wie im Kleinen, denn es gibt auch vieles, das erst bei näherer Betrachtung ins Auge fällt. In nur millimeterbreiten Felsspalten gedeihen meist winzige Pflanzen mit polsterartigem oder rosettenförmigem Wuchs. Wo jedoch die Formation von wasserbenetztem und anderweitig feuchtem Gelände umgeben ist, hat das vor allem im Sommer üppig durch vielerlei Farne märchenhaft verzauberte Areal einen besonderen Reiz. Damit kommen beim Burgbachfelsen auf eindrucksvolle Weise Trocken- und Feuchtbiotope zusammen.

Adresse bei 77776 Bad Rippoldsau–Schapbach; zwischen Klösterle und Vor Seebach |
Anfahrt A 81 bis zur Ausfahrt Horb, B 32 bis Dornstetten, dann B 28 bis nach Freudenstadt, Richtung Kniebis, abbiegen, auf der L 96 nach Bad Rippoldsau–Schapbach bis zum
ehemaligen Gasthof »Zum letzten Gstehr« (Abzweig Burgbachstraße). Von dort ist ein
Rundwanderweg (circa 6 Kilometer) ausgeschildert. | **Tipp** Die neuklassizistische Pfarr-
und Wallfahrtskirche des ehemaligen Benediktinerklosters in Schapbach mit ihrem
Gnadenbild ist sehenswert; jeden Freitag um 8.45 Uhr ist Wallfahrtsgottesdienst.

15__Der Kastelstein

Ein pilzförmiger Felsen

Die Inschrift verweist auf hochherrschaftliches Naturinteresse: »Zum Andenken an die erstmalige hohe Anwesenheit Ihrer Königlichen Hoheiten des Großherzogs Friedrich (von Baden) und der Großherzogin Luise im Sommer 1858«. Daran wird deutlich, dass bereits früh Interesse für solche bizarren Gebilde wie den Kastelstein bestand. Auch vor nahezu 200 Jahren pilgerten die Menschen in die Natur, um sich die Wunder der Heimat anzuschauen, allen voran die Königlichen Hoheiten aus Baden. Heute sind die Felsen selbst Könige im Wald, welche von Naturbegeisterten aufgespürt werden.

Das Naturdenkmal Kastelstein ist ein mächtiges Felsgebilde von circa fünf mal zehn mal drei Meter Abmessung. Es hat eine längliche Gestalt und besteht aus mehreren horizontal gelagerten, unterschiedlich harten Gesteinsschichten des mittleren Buntsandsteins. Die weicheren Schichten erodieren stärker, und so entstand ein pilzförmiges Gebilde aus Stein – aber beileibe kein Steinpilz! Das massive Naturhighlight liegt inmitten eines Felsenmeeres. Waldesrauschen statt Wasserrauschen – denn Felsenmeer ist die volkstümliche Bezeichnung für eine Ansammlung von Felsen in großer Menge. Buntsandsteinbrocken unterschiedlichster Größe, zum Teil mit Moosen und Flechten überzogen, dazwischen Altholz, prägen den Platz rund um den Pilzfelsen. Dieses Felsenmeer geht auf die letzte Eiszeit zurück.

Dagegen ist der Buntsandstein als geologische Formation viel älter. Er entstand vor mehr als 200 Millionen Jahren und besteht hauptsächlich aus Quarzsteinsanden, die rötlich gefärbt sind. Wissenschaftler haben herausgefunden, dass jedes einzelne Sandsteinkorn von einem dünnen Häutchen aus Eisenoxid ummantelt ist, was die rote Farbe erklärt. Insbesondere im Nordschwarzwald, aber auch im Odenwald sowie in Bereichen der Vorbergzonen des Mittleren und des Südlichen Schwarzwaldes ist der Buntsandstein vorherrschend.

Adresse Touristinformation im Kurhaus, Kurhausstraße 2, 77776 Bad Rippoldsau–
Schapbach | **Anfahrt** A 5 bis Ausfahrt Rastatt, dann B 462 weiter bis Freudenstadt,
von dort B 28 bis Kniebis, weiter auf der L 97 bis Bad Rippoldsau–Schapbach zum
Parkplatz an der Touristinformation. Von dort ist die Tour zum Kastenstein aus-
geschildert. | **Tipp** Eine Zeitreise zu den alten Waldberufen im Wolftal eröffnet das
Wald-Kultur-Haus im Holzwald (April – Okt. täglich 8 – 20 Uhr geöffnet).

16__Die Krokuswiesen
Ein Hauch von Violett

Crocus napoletanus oder Neapel-Safran heißt der Frühblüher, der im März die Wiesen rund um die Burgruine Zavelstein in zartes Violett taucht. Ursprünglich stammt die Art aus Italien und dem westlichen Balkan. Der Legende nach sollen Kreuzfahrer das zarte Pflänzlein aus dem Orient mitgebracht haben. Wahrscheinlicher aber ist, dass der Diplomat und Burgherr Benjamin Buwinghausen von Wallmerode, der im 17. Jahrhundert Hausherr der Burg von Zavelstein war, Crocus napoletanus von einer Auslandsreise für seinen Burggarten mitgebracht hat. Die Burg wurde zur Ruine, die Krokusse verwilderten und breiteten sich aus.

Viele Frühblüher in Mitteleuropa – seien es Schneeglöckchen oder Märzenbecher – haben eine ähnliche Geschichte. Man nennt sie Stinsenpflanzen. Stinse kommt aus dem Friesischen und bedeutet so viel wie Stein. Schlösser, Gutshöfe, Herrenhäuser oder Pfarrhäuser waren schon immer aus Stein gebaut und hatten angelegte Gärten mit ursprünglich nicht heimischen Pflanzen, die dann verwilderten. Ausgebreitet haben sich die Krokusse wohl über die landwirtschaftliche Nutzung der Wiesen rund um Zavelstein. Über das Viehfutter gelangten die Samen in die Mägen der Tiere und wurden über den Dung verbreitet. Zunächst wurden nur die eigenen Wiesen gedüngt, aber als die Landwirte die Wiesenbewirtschaftung auch in Sommenhardt, Lützenhardt, Rötenbach, Weltenschwann und Speßhardt, den Orten um Zavelstein, übernommen hatten, weiteten sich die Krokusse großflächig aus. Heute verwandeln sich die Wiesen um Zavelstein und die umliegenden Orte im März in ein violettes Farbenmeer und locken viele Touristen an.

Alle, die dieses Blütenmeer nicht live erleben können, haben die Möglichkeit, bei einem Spaziergang durch das Naturschutzgebiet »Zavelsteiner Krokuswiesen« Wissenswertes über das Naturwunder zu erfahren. Sieben Tafeln und drei Guckkästen informieren das ganze Jahr über.

Adresse 75385 Bad Teinach–Zavelstein | **Anfahrt** A 8, Ausfahrt Pforzheim-West, über B 294 bis Calmbach und B 296 bis Oberreichenbach und Bad Teinach, weiter in den Teilort Zavelstein. Von der Fußgängerzone aus sind die Krokuswiesen ausgeschildert. | **Tipp** Ein uriges Schwarzwaldvesper bietet die Schlossberghütte auf dem Wanderweg zur Burgruine Zavelstein. Gemütliche Sitzecken, ein Kaminofen und bei schönem Wetter eine große Terrasse mit Ausblick laden zum Verweilen ein.

17__Im Kurpark Bad Wildbad

Putzige Nager ganz nah

Rund um die Parkbank hüpfen die rotbraunen Eichhörnchen und sammeln die Erdnüsse der Kurgäste auf. Zunächst einmal sollte man Wildtiere ja nicht füttern, aber die Eichhörnchen im Kurpark Bad Wildbad sind dermaßen zutraulich und warten schon förmlich auf ein paar Nüsse. Da können manche Senioren nicht widerstehen. Das ist Erholung und Naturerlebnis gleichermaßen. Die Kurparkanlagen im Enztal gehören für manche zu den schönsten naturbelassenen Kurparks in Deutschland.

Eichhörnchen sind Kulturfolger, und das bereits seit der Antike. Es ist überliefert, dass sie schon vor mehr als 2.000 Jahren als Spieltiere für Kinder und auch von Damen der gehobenen Gesellschaft gehalten wurden. Weil das Eichhörnchen ein tagaktives Wildsäugetier ist, hat es schon immer die Aufmerksamkeit auf sich gelenkt und die Zuneigung der Menschen für sich gewonnen. Allerdings ist die Liebe zu ihm nicht ungeteilt. Tritt es in Massen auf, kann es in Obstkulturen zum Schädling werden, außerdem plündert es so manches Vogelnest. Für Ausgleich sorgt die Natur: Denn natürliche Feinde sind Baummarder und Habicht. Von der Parkbank aus kann man das Verhalten dieser behände springenden Kleinsäuger beobachten. Der buschige, beim Sitzen aufrechte Schwanz dient beim Springen von Ast zu Ast als Steuer. Die Springkunst der kleinen Nager grenzt schon an ein Wunder und ist manchmal reif für den Zirkus.

Eichhörnchen sind eigentlich Allerfresser. Ihre bevorzugte Nahrung sind jedoch Nüsse, wie man im Park gut beobachten kann. Dort, wo es auch Hasel- und Walnussbäume gibt, werden Nüsse für den Wintervorrat gesammelt und im Erdboden oder in morschen Baumstümpfen versteckt. Eichhörnchen halten keinen wirklichen Winterschlaf und brauchen die gesammelten Vorräte. Die meisten Verstecke aber werden vergessen. Dadurch tragen diese possierlichen Tierchen zur Verbreitung mancher Sträucher und Bäume bei.

Adresse Kuranlagenallee, 75323 Bad Wildbad | **ÖPNV** Von Pforzheim mit der Stadt-
bahnlinie S 6, der Enztalbahn, bis Bad Wildbad. Die Endhaltestelle der Stadtbahn liegt
direkt am Kurpark. | **Anfahrt** Über die A 8 bis Ausfahrt Pforzheim-West, weiter über die
B 294 und L 351 bis Bad Wildbad. | **Öffnungszeiten** immer geöffnet | **Tipp** Im Palais
Thermal in der Kernerstraße werden Badeträume wahr. Der Wellnesstempel in dem
denkmalgeschützten Gemäuer präsentiert sich als luxuriöse Badelandschaft.

18__Das Wildseemoor

Lebendiges Archiv

Wer auf dem Bohlenpfad durchs Wildseemoor geht, spaziert über Pflanzenreste, die schon uralt sind. Pollenanalysen haben bestätigt, dass das Moor vor etwa 10.000 Jahren entstand, denn noch vor circa 11.000 Jahren lag ein Großteil der Alpen und des Alpenvorlandes, aber auch des Schwarzwaldes, unter Eis. Erst gegen Ende der Kaltzeit begann sich wieder Vegetation anzusiedeln und auszubreiten. Bohrungen in den Moorböden des Wildseemoores förderten Pollen von Pflanzen zutage, die dort – unter Luftausschluss – gut erhalten blieben. So lassen Pollen aus verschiedenen Tiefen Aussagen über die nacheiszeitliche Entwicklung der Pflanzenwelt zu. Moore sind somit uralte Informationsspeicher in puncto Vegetationsgeschichte. Funde von Getreidepollen und Pollen von kulturbegleitenden Pflanzen geben außerdem Einblicke in unsere Kulturgeschichte. Heutige Pflanzen wie etwa Wollgräser, Seggen und Simsen sind typische Hochmoorpflanzen und an die sehr nährstoffarme Umgebung angepasst. Deshalb dürfen keine Nährstoffe ins Moor eingebracht werden. Sie würden diese fragile Welt negativ verändern.

Das Wildseemoor hat sich auf der Hochfläche zwischen Enz- und Murgtal entwickelt und umfasst etwa zwei Quadratkilometer. Es ist ein typisches Hochmoor. Die bis zu 1.800 Millimeter Jahresniederschlag sammelten sich hier einst in den Unebenheiten der Buntsandsteinhochfläche, und Torfmoose begannen zu wachsen. Moorwachstum läuft immer ähnlich ab. Die unteren Schichten der Moose sterben ab, die oberen Moose wachsen weiter. In der Mitte des Moorkörpers findet das größte Wachstum statt. Das hat zur Folge, dass sich das Moor uhrglasförmig aufwölbt. Wie zwei dunkle Augen leuchten zwei Seen mitten im Moor. Es sind der Wildsee und der kleinere Hornsee. Die beiden sogenannten Kolkseen entstanden durch absinkende Torfpakete. Experten sprechen bei dieser einzigartigen Landschaft vom größten Hochmoor in Deutschland.

Adresse bei 75323 Bad Wildbad | **ÖPNV** Von Pforzheim fährt die S 6 direkt bis zur Bergbahn-Talstation – Haltestelle Bad Wildbad Uhlandplatz. | **Anfahrt** Über die A 8 bis Ausfahrt Pforzheim-West, dann weiter über die B 294 und L 351 bis Bad Wildbad, weiter Richtung Enzklösterle und dann der Beschilderung Baden-Baden / Kaltenbronn folgen bis zum Parkplatz F. Der Erlebnisweg mit dem »rasenden Auerhahn« führt ins Wildseemoor. | **Tipp** Auf den Spuren der Vergangenheit kann man sonntags im Heimat- und Flößer-museum in Calmbach, Bergstraße 1, wandeln. Detailgetreue Modelle, imposante Bild-dokumente und lebensnahe Figuren dokumentieren die kulturelle Vergangenheit der Schwarzwaldlandschaft (Tel. 07081/930112).

19___Die Sankenbachfälle

Soooo laut

Mit lautem Getöse stürzt das Wasser des Sankenbaches über 40 Meter in zwei Stufen die Karwand hinab. Es sind die harten verkieselten Steinbänke des Mittleren Buntstandsteins – dem sogenannten Eck'schen Konglomerat –, die der abtragenden Kraft des Wassers erfolgreich widerstanden haben. Es ist schon ein echtes Naturspektakel, das sich da unweit von Baiersbronn vollzieht. Ja, Baiersbronn ist nicht nur das Mekka der Feinschmecker mit der höchsten Dichte an Gourmetsternen in Deutschland, sondern weist auch so manches Highlight in der umgebenden Landschaft auf. Es ist der mittlere Abschnitt des Sankenbaches, der hier in die Tiefe stürzt.

Der Sankenbach entspringt nördlich des Dorfes Kniebis und mündet in Baiersbronn in den Forbach, kurz bevor dieser die Murg erreicht. Er ist noch ein richtiger Wildbach: Das Wasser fließt in einem Geröllbett, es gibt einen Wechsel von flacheren und steileren Bachabschnitten, Stromschnellen, und im Bachbett liegende Felsblöcke, um die sich das Wasser seinen Weg suchen muss. Eine Wanderung talaufwärts entlang des Sankenbachs ist landschaftlich reizvoll: Offene Wiesentalabschnitte wechseln mit dicht bewaldeten Abschnitten, bis sich der Wald öffnet und den Blick auf das Kar mit dem See freigibt. Die Wasserfallhütte oberhalb der Karwand lädt zum Ausruhen ein.

Man kann es kaum glauben, doch auch beim wildromantischen Wasserfall am Sankenbach hat der Mensch eingegriffen – bei genauem Hinsehen fällt ein Holzschieber an der Oberkante der Karwand auf, mit dem man beeinflussen kann, ob viel oder wenig Wasser herabstürzt. Durch das Öffnen einer Holzschleuse von Hand wird der Wasserfall in Gang gesetzt. So können die Besucher selbst ins Geschehen eingreifen und den Wasserfall anschwellen lassen oder ihm das Wasser entziehen. Jeder soll für sich entscheiden, ob das sein muss oder nicht. Nichtsdestotrotz sind diese Wasserfälle im Nordschwarzwald einzigartig.

Adresse bei 72270 Baiersbronn | **ÖPNV** Von Karlsruhe mit der S 41 (AVG) nach Baiersbronn (Bahnhof); ab hier zu Fuß das Sankenbachtal aufwärts wandern. | **Anfahrt** Über die A 5, Ausfahrt Appenweiher, B 28 bis Freudenstadt, B 462 bis Baiersbronn. Dort gegenüber dem Bahnhof über den Stöckerweg in das Sankenbachtal einbiegen bis zum Waldparkplatz im Unterdorf. Ab da führt der Wanderweg (circa 4 Kilometer) bis zu den Wasserfällen. | **Tipp** Ein kunsthistorisches Kleinod im Oberen Murgtal ist die Klosterkirche des im Jahre 1082 vom Hirsauer Abt Wilhelm gegründeten Benediktinerklosters. Von den ehemaligen Klosterbauten sind unter anderem das Badhaus und der einstige Gefängnisturm erhalten. Der ehemalige Klostergarten ist heute ein kleiner Kurpark.

20__Der Schliffkopf
Uf em grind

Nebelverhangene Bergrücken, ein Wolkenmeer unter sich und am
Horizont die untergehende Sonne rötlich schimmernd – ein Mo-
tiv wie aus dem Bilderbuch. Man fühlt sich eins mit der Natur hier
oben. Der Schliffkopf mit seinen 1.054 Metern ü. NN ist ein durch
Eis und Wind geformter Höhenrücken im sogenannten Grinden-
schwarzwald. Grinden, das sind die kargen, anmoorigen Hochflä-
chen. Feuchte Heiden mit vereinzelt stehenden Bergkiefern. Eine
archaische Landschaft, einsam und urwüchsig. Ein wahrer Naturschatz und doch vom Menschen beeinflusst.

Bereits im 15. Jahrhundert wurde der Wald auf den Hochflä-
chen gerodet. Dann wurden Rinder, Schafe und Ziegen im Sommer aus den engen Tälern hinaufgetrieben. Die Viecher verdich-
teten aber die flachgründigen Böden, dies führte zu Staunässe und
Moorbildung. Eine seltene Tier- und Pflanzenwelt bildete sich heraus, angepasst an diese kargen Zustände. Lauter Spezialisten wie
etwa Auerhühner, Wiesenpieper oder etwa die Kreuzottern. Das
ist die Geschichte der Grinden. Der Rest ist schnell erzählt: Mit
aufkommender Stallhaltung drohte dieser Kulturlandschaftsraum
zu verbuschen. Um dies zu verhindern, wurden die Grinden zur
Heugewinnung gemäht. Doch dann wurde auch das Heu in der
Landwirtschaft nicht mehr gebraucht. Jetzt besann man sich wieder auf die Ursprünge. Heute wird wieder beweidet, und zwar mit
den kleinen angepassten Hinterwälder Rindern (s. Seite 176). Aus
einem ursprünglichen Landschaftspflegeprojekt konnte ein Landwirt einen Wirtschaftsbetrieb entwickeln. Er beliefert die Gastro-
nomie und Privatkundschaft bis Freiburg und Stuttgart mit seinen
Qualitätsprodukten.

Und auch der Natur tut die Beweidung gut. Sie entzieht Nährstoffe, sodass die ursprünglich an Nährstoffarmut angepasste Tier-
und Pflanzenwelt sich wieder einstellt: Läusekraut statt Pfeifengras.
Steinschmätzer und Braunkehlchen kommen auch zurück.

Adresse bei 72270 Baiersbronn | **ÖPNV** S-Bahn-Linie 41 »Murgtalbahn«: Von Karlsruhe (Bahnhofsvorplatz) nach Freudenstadt; Weiterfahrt mit den Buslinien F 11 und 21 in Richtung Ruhestein. | **Anfahrt** Über die B 500 (Schwarzwaldhochstraße) bis Parkplatz »Steinmäuerle«. | **Tipp** Wer die Gegend auf dem Schliffkopf länger auf sich wirken lassen will, nimmt sich ein Zimmer im Nationalpark-Hotel Schliffkopf und verbindet Naturerlebnis mit »BergSpa«. Adresse: Schwarzwaldhochstraße 1, 72270 Schliffkopf (Baiersbronn), Tel. 07449/9200, www.schliffkopf.de.

21 Der Huzenbacher See

Mummeln auf dem Wasser

Wer zwischen Juli und September den Huzenbacher See besucht, den erwartet ein einzigartiges Naturschauspiel. Die Wasseroberfläche ist dann mit unzähligen gelben Blüten übersät – Mummeln eben. Oder gelbe Teichrose oder wissenschaftlich Nuphaea lutea genannt. Die Pflanze wurzelt am Seegrund und streckt Stiele mit Blütenköpfchen und Blätter bis an die Wasseroberfläche. Die blühenden Teichrosen sind natürlich eine touristische Attraktion, doch aus vegetationskundlicher Sicht sind die etwas unspektaluläreren Schlammseggen, Schnabelseggen, Torfmoose, Wollgras, Pfeifengras und etwa das Sumpfblutauge ebenfalls botanische Highlights. Sie bilden den Schwingrasen. Das ist eine schwimmende Pflanzendecke, die den Verlandungsprozess eines Sees einleitet. Schön anzuschauen ist es allemal.

Und streift der Blick vom See hinüber zur Karwand, entdeckt man auch hier Besonderes. Einen urwüchsigen, lichten Wald mit Fichten, Tannen und Buchen, aber auch Ebereschen, Mehlbeeren und Birken. Darunter eine Zwergstrauchschicht mit Heidel- und Preiselbeeren und im Herbst violett leuchtendem Heidekraut sowie immergrünen Stechpalmen. Die steile Karwand ragt 160 Meter hoch über den Seespiegel.

Beim Anblick dieses eiszeitlichen Naturwunders vergisst man schnell, dass auch dieser See von den Menschen früher intensiv genutzt und seine Tier- und Pflanzenwelt dadurch natürlich stark beeinträchtigt wurde. Wie der Ellbachsee wurde der Huzenbacher See als Schwellweiher für die Scheitholzflößerei genutzt. Aufstauen und Ablassen des Wassers könnte die Ursache für das Ablösen des bereits verlandeten Seebodens gewesen sein. Vielleicht hat sich so die schwimmende Insel gebildet. Heute ist der Huzenbacher See neben dem Buhlbachsee und dem Wilden See einer der drei typischen Karseen im Nationalpark Schwarzwald und bietet auch Lebensraum für Amphibien, Wasservögel und seltene Insekten, vor allem Libellen.

Adresse 72270 Baiersbronn–Huzenbach | Anfahrt B 462 nach Baiersbronn, Kreisverkehr in Richtung Karlsruhe / Rastatt verlassen, dem Straßenverlauf folgen, weiter durch Klosterreichenbach, Heselbach, Röt und Schönegrund; beim Holidayland links abbiegen und bis zum Parkplatz Seebach fahren. | Tipp Auf eine Zeitreise in die Schwarzwälder Vergangenheit begibt man sich, wenn man den Kulturpark Glashütte in Obertal-Buhlbach besucht (geöffnet Mai–Okt. Mi–So 11–18 Uhr, www.kulturpark-glashuette-buhlbach.de).

22__Das Taubenmoos

Auf Zauberpfaden durch das verwunschene Moor

Dunkelgrüne Moospolster, knorrige Wurzeln, plätschernde Rinnsale und grau schimmernde Flechten verströmen etwas Mythisches und Zauberhaftes. Zaubern kann die Natur nicht, aber verzaubern sehr wohl! Diese Eigenschaft machten sich die Bernauer auf ihrem phantasievollen Zauber-Naturerlebnispfad durchs Naturschutzgebiet Taubenmoos zunutze.

Auf Wald- und Wiesenboden schlängelt sich wie in einem Märchen der Weg durch das Taubenmoos. Es geht entlang des Rönischbächles über Holzstege, kleine Brücken und Pfade sowie befestigte Wege. Durch Moorgebiete, die einst aus Sümpfen und Tümpeln durch die Ablagerungen und Geschiebe der Gletscher während der letzten Eiszeit entstanden sind. Heute leben hier seltene und gefährdete Tier- und Pflanzenarten. Der Weg durchquert zauberhaft anmutende dunkle Tannen- und Fichtenwälder und lichte Buchenwälder mit üppigen Moospolstern, kleinen Quellen und Rinnsalen. Mit etwas Phantasie kann man sich gut vorstellen, dass hier Feen und Kobolde ihr Unwesen treiben sowie das blondgelockte Schweinewiibli, eine Bernauer Sagengestalt. Es soll die Wanderer mit einem kreischenden Lachen begrüßen und hat es auf deren Taschen abgesehen. Also aufgepasst! Weiter führt der Weg an die Stelle, an der regelmäßig die tiefsten Temperaturen Baden-Württembergs gemessen werden. Wegen seiner sehr niedrigen Durchschnittstemperaturen wird das Taubenmoos auch als Kältepol bezeichnet.

Schließlich öffnet sich der Wald. Über ausgedehnte Weidfelder schweift der Blick, dann erstreckt sich vor den Besuchern das wunderschöne Bernauer Hochtal bis hin zum 1.415 Meter hohen Herzogenhorn. Seit 2007 gibt es im Bernauer Hochtal das 205 Hektar große Naturschutzgebiet. Rund ums Herzogenhorn lädt eine Vielzahl von Wegen, die erwandert werden wollen, zum Naturerlebnis ein. Am schönsten ist es im Juni und Juli, wenn die Blumen auf den Bergwiesen um die Wette blühen.

Adresse bei 79872 Bernau–Oberlehen | **ÖPNV** Buslinie 7321 von Bernau nach Todtmoos
bis Haltestelle Loipenzentrum. | **Anfahrt** A 81 bis Ausfahrt Donaueschingen, B 31 bis
Titisee-Neustadt, B 317 bis Todtnau, auf L 149 bis Bernau; auf der L 149 Richtung Todtmoos
bis zum Wanderparkplatz Loipenzentrum. | **Tipp** Das Heimatmuseum Resenhof und das
2007 aus Weißtannenholz neu erbaute »Forum erlebnis:holz«, Resenhofweg 2, zeigen die
typische Entwicklung von den Schneflergewerben hin zum leistungsstarken Kunst-
Holzhandwerk der Gemeinde Bernau im Schwarzwald (www.resenhof.de).

23__Die Wutachflühen
Geologisches Fenster in der Schlucht

Die Flühenschlucht südlich von Achdorf ist ein Teil der Wutach-schlucht und wird von Fachleuten als der größte Naturaufschluss im Muschelkalk im gesamten süddeutschen Raum bezeichnet. »Flühen« kommt von Flüh, also Fels. Diese Flühen alleine sind schon ein Natur-wunder. In ihrer Gesamtheit kann die Schichtenfolge vom Oberen Muschelkalk (mit seinen steilen Felswänden) über den Mittleren Muschelkalk mit seinen feuchten, versetzten Schichten bis zum Unteren Muschelkalk, dem Wellenkalk, vollständig besichtigt und durchwandert werden. Und zwar auf dem Oberen oder dem Unteren Flühenweg.

Auf diesen muss man bleiben, das Verlassen der Wege ist ver-boten. Es ist auch an mancher Stelle gar nicht möglich. Zu steil sind die Hänge, insbesondere am Oberen Flühenweg in den bis zu 30 Meter hohen Felswänden des Oberen Muschelkalkes. An man-cher Stelle kann man sich an einem Drahtseil am Berg festhalten; das ist insbesondere im Frühjahr und nach Regentagen wichtig. Dann ist der Obere Felsenweg rutschig und gefährlich. Schwindel-frei sollte man schon sein, erst im Sommer 2014 kam hier ein Wan-derer zu Tode.

Im Frühjahr sind die unteren Hänge der Schlucht weiß gespren-kelt und mit roten Tupfen geschmückt. Das sind Abertausende von Märzenbechern, durchsetzt mit zinnoberroten Kelchbecherlingen. Diese Schlauchpilze wachsen auf modrigem und bemoostem Holz, welches am Boden liegt. Sie sind überall in Deutschland sehr selten und gelten als gefährdet. Welch ein Anblick! Welch ein Fotomotiv! Blasslilafarbene Leberblümchen, dunkelviolette Veilchen und die weißblütige Pestwurz sind weitere Boten des Frühlings. Zum Foto-grafieren sollte man aber zur richtigen Zeit am richtigen Ort sein. Denn im März fallen die ersten Frühlingssonnenstrahlen nur für ein paar Mittagsstunden auf die Märzenbecher und die anderen Früh-blüher. Schon ein paar Wochen später sind sie verblüht.

Adresse 78176 Blumberg–Achdorf | **Anfahrt** B 31 bis zur Ausfahrt Döggingen, dann über Mundelfingen zur Wutachmühle. Hier links abbiegen Richtung Aselfingen und in Achdorf der schmalen Straße (Wellblechweg) in Richtung Fützen folgen. Halten am Wanderwegweiser mit kleinem Parkplatz. Hier beginnt der Untere Flühenweg (trifft am Eisenbahn-Viadukt auf den Oberen Flühenweg). Zum Oberen Flühenweg die schmale Straße noch etwa 200 Meter aufwärts gehen (unscheinbarer Pfad). | **Tipp** Eine Fahrt mit der Sauschwänzlebahn ist ein einmaliges Erlebnis durch wunderschöne Schwarzwaldnatur, und das nicht nur für alle Dampflockbegeisterten (www.sauschwaenzlebahn.de).

24 Die Wutachschlucht
Schwäbischer Grand Canyon

Die Schlucht der Superlative: 1.200 Farn- und Blütenpflanzen, darunter etwa 40 Orchideenarten, und nahezu 10.000 Wirbeltiere, Weichtiere, Insekten und Spinnentiere kommen in der Region vor. Dazu gesellen sich noch über 80 Vogelarten und einige hundert Großschmetterlingsarten.

Kaum zu glauben, dass noch in den 1950er Jahren Pläne bestanden, die Schlucht in einen riesigen Stausee zu verwandeln. Und das, obwohl die Wutachschlucht bereits seit 1939 unter Naturschutz stand. Nicht nur Naturschützer liefen damals Sturm gegen diese Planungen. Mit Erfolg.

Gleich vorab: Ohne festes Schuhwerk und Rucksackvesper sollte man sich auf keine der Touren durch die Schlucht machen. Außerdem gibt es keinen Handyempfang – ein Glück für echten Naturgenuss. Gut gerüstet, wird die wildromantische Schlucht jeden in ihren Bann ziehen, Naturwunder um Naturwunder gibt es zu bestaunen; seien es die steil aufragenden Felsen, die tosenden Wasser und bemoosten und farnumkränzten Steine oder einfach die kleinen Naturschönheiten entlang der Wege und der Gewässer, etwa beim Tannegger Wasserfall. Hier stürzt das Wasser über den bemoosten Tuffstein in die Tiefe und bildet einen glitzernden Vorhang.

Seit mehr als 150 Jahren genießen die Menschen die Natur hier. Selbst Sir Winston Churchill, der ehemalige Premierminister des Vereinigten Königreichs, weilte um 1900 in der einstigen mondänen Kur- und Bäderanstalt Bad Boll, an die allerdings heute nur noch eine Informationstafel erinnert. Kurhaus und Kurpark, heilende Schwefelquelle und Badehaus sowie kleinere Seen gehörten zum Angebot für die Kurgäste. Nachdem die Engländer die Wutach als sehr gutes Fischgewässer erkannt hatten, wurde das Kurbad 1893 vom London Fishing Club Limited gekauft. Allerdings bereitete der Erste Weltkrieg dem Kurbad ein jähes Ende, von dem es sich nie mehr erholen sollte. Und so ist Natur heute ganz Natur.

Adresse bei 79848 Bonndorf–Gündelwangen | **ÖPNV** Vom Bahnhof Titisee mit dem SBG-Bus 7257 nach Neustadt, weiter mit SBG-Bus 7258 Richtung Bonndorf Post/ Rathaus, Ausstieg an Haltestelle Lotenbachklamm, Gündelwangen. | **Anfahrt** A 81, Ausfahrt Donaueschingen, weiter auf der B 27 bis Behla, über Mundelfingen und Ewattingen nach Bonndorf. Von dort auf der B 315 Richtung Gündelwangen bis zum Wanderparkplatz Lotenbachklamm. Es gibt keine Rundwanderungen, aber einen Wander- bus. | **Tipp** In der Burgmühle kann man ein richtiges Schwarzwaldvesper genießen. Sie liegt in der Gauchachschlucht, an einem Kreuzungspunkt der Wege nach Mundelfingen, Bachheim, Bonndorf und Döggingen (geöffnet Di–So Ende März–Ende Okt.).

25__Der Falkenfelsen
Viele Steine und großartige Ausblicke

»Am 10. August lenkten wir nachmittags unsere Schritte nach ›Kurhaus Oberplättig‹, Fohrenfelsen, Falkenfelsen mit der idyllischen Hertahütte und waren bezaubert von der Romantik des Felsenweges und der Großartigkeit der Aussicht …«, so ein Tagebucheintrag eines Gastes im Schwarzwald vermutlich aus den 1930ern.

Schon vor fast 100 Jahren lockten die Felsen im Bühlertal die Touristen an. Und das ist bis heute so geblieben. Insbesondere der etwa 700 Meter westlich der Schwarzwaldhochstraße gelegene Falkenfelsen zieht die Menschen noch heute in seinen Bann. Er besteht aus Bühlertalgranit und ist 80 Meter hoch. Der Falkenfelsen ist zweifelsohne der imposanteste Felsenturm im Bühlertal und ein kleines Naturwunder. Besonders die fast senkrechte 50 Meter hohe Kletterwand – unterteilt in klobige Blöcke mit der für Granitgestein typischen Klüftung – hat es Kletterern und Naturliebhabern aus nah und fern angetan.

Im Jahr 1932 wurde der Felsen zum ersten Mal bezwungen. Das aus dieser Zeit stammende Gipfelbuch liegt noch heute in einer Blechkassette verwahrt auf dem Gipfel aus. Doch auch Besucher, die den Felsen nicht erklettern, sondern erwandern, sind beeindruckt vom Blick über das Bühlertal, in die Rheinebene und bis zu den Vogesen. Ein Gefühl der Ehrfurcht beschleicht einen. Fast ein bisschen Demut schwingt mit.

Die imposante Felsenlandschaft kann man auf einer Wanderung vom Wanderparkplatz Plättig hinunter nach Bühlertal erleben. Von dort führt der Wanderweg über die Kohlbergwiese mit dem Abenteuerspielplatz.

Naturgenuss und Schwarzwälder Vesper kann man auf der Hertahütte genießen. Auch von dort ist der Blick einzigartig. Die Hütte – ursprünglich als Schutzhütte erbaut – geht auf die Generalswitwe Herta Isenbart zurück, welche diese bereits vor dem Ersten Weltkrieg dort oben bauen ließ.

Adresse Wanderparkplatz Plättig, 77815 Bühl | **ÖPNV** Von Karlsruhe mit der S 32 (AVG) Richtung Achern, aussteigen in Bühl, Regionalbus 263 Richtung Forbach bis Plättig/Schwarzwaldhochstraße. | **Anfahrt** B 3/A 5 nach Bühl und über die L 83 Richtung Schwarzwaldhochstraße, weiter auf der B 500 bis zum Plättig. | **Tipp** Bühlertal gibt sich auch sportlich: In Bühlertal–Hundseck startet seit 1973 jedes Jahr der Hornisgrinde-Marathon. Zudem wird jährlich der internationale Hundseck-Berglauf über 9,5 Kilometer und einen Höhenunterschied von 776 Metern ausgetragen.

26___Der Wildnispfad

Schwarzspechte als Zimmerleute des Waldes

Ein lautes Trommeln, klangvolle, aber eigenartige Frühlingsrufe »gückgückgück« oder der Flugruf »kirkirkir« verkünden die Anwesenheit des scheuen Schwarzspechtes am Wildnispfad. Die 70 Hektar große Waldfläche wird seit 2006 sich selbst überlassen. Wie auf einem großen Abenteuerspielplatz geht es über Stock und Stein. An Aussichtspunkten informieren Schautafeln über die Natur. Mit etwas Glück bekommt man hier den Schwarzspecht zu Gesicht. Mit seiner stattlichen Größe von nahezu 50 Zentimetern gehört er zu den selteneren Vögeln in den einheimischen Wäldern. Ihn im Flug zu beobachten, ist ein kleines Naturwunder. Das schwarze Gefieder brachte ihm bei den Forstleuten den Namen Holzkrähe ein. Aber im Unterschied zu ihr hat der Schwarzspecht eine rote Kopfplatte und ist so mit keinem anderen Vogel zu verwechseln.

In den letzten Jahrzehnten sind Schwarzspechte in unseren heimischen Gefilden selten geworden, da sie große und deshalb auch alte Bäume brauchen, um dort ihre Höhlen zu zimmern. Doch im Wirtschaftswald dürfen die Bäume ja nicht mehr alt werden. Im Waldgebiet an der Schwarzwaldhochstraße ist das anders. Hier kann sich die Natur ebenso wie im Nationalpark entwickeln. Seine Bruthöhlen legt der markante Vogel in einer Höhe von acht bis fünfzehn Meter Höhe an, man erkennt sie an einem ovalen Loch im Stamm. Mit voller Wucht bearbeitet der Schwarzspecht etwa eine alte Buche, sodass die Späne nur so fliegen. Auch wenn er in einem Baumstumpf nach Ameisen sucht, kann man über die Wucht der Hiebe nur staunen. Neben Ameisen stehen auch Käferlarven im Totholz auf seinem Speiseplan.

Schwarzspechte brüten oft jahrelang in ihrer selbst gezimmerten Behausung. Danach gibt es für ihre Höhlen jede Menge Nachmieter: Fledermäuse, Siebenschläfer, Gartenschläfer, Baummarder oder den »Urwaldkauz« Rauhfußkauz. Auch Hornissen bauen dann und wann ihre Waben in Spechthöhlen.

Adresse Wanderparkplatz Plättig, 77815 Bühl | **ÖPNV** Mit dem Bus 245 und 263 von Bühl zur Schwarzwaldhochstraße, Haltestelle Plättig. | **Anfahrt** Über die Schwarzwald-hochstraße (B 500) bis zum Wanderparkplatz Plättig. Dem Weg vor dem Plättighotel bergauf folgen. Nach circa 200 Metern befindet sich auf der linken Seite der Einstieg zum Wildnispfad (rund 2 Stunden Gehzeit). Er sollte nur bei trockenem Wetter begangen werden. | **Tipp** Nach solch einem Gekraxel über Stock und Stein kann man sich in der idyllisch gelegenen Bergwaldhütte Sand mit einem zünftigen Schwarzwälder Vesper belohnen (geöffnet Mi–So ab 11 Uhr, www.bergwaldhuettesand.de).

27 __ Die Zwetschgenstadt
Tolle Früchtchen

Ob geradewegs vom Baum, aus dem Spankorb vom Markt oder erst veredelt – am Thesihof im idyllischen Dörfchen Kappelwindeck in Bühl/Baden nahm die Karriere der Bühler Zwetschge ihren Anfang. Der hiesige Baum war schon 30 Jahre alt, als er um 1840 »entdeckt« wurde. Dunkelviolette Früchte mit gelbgrünlichem Fruchtfleisch von leicht säuerlichem Geschmack, welches sich gut vom Stein löst, wenig druckempfindlich und robust ist – diese Eigenschaften waren die Grundlage für die Erfolgsstory der Bühler Zwetschge. Und bereits vier Jahrzehnte darauf schickte der Obsthändler Josef Leppert aus Kappelwindeck einen ganzen Eisenbahnwaggon mit 100 Zentnern Zwetschgen nach Köln. Dieses Beispiel machte Schule, und der Anbau der Zwetschge weitete sich aus. Zweckmäßig in Spankörben transportiert, wurden später Bühler Zwetschgen zu einem vom Obstmarkt nicht mehr wegzudenkenden Produkt. »Gleichmäßig große, sorgfältig gepflückte, tief dunkelblaue, herrliche Früchte mit schöner ›Beduftung‹ müssen in den Körben liegen« ist das Motto der Obstbauern bis heute.

Die Bühler Zwetschge ist ein Geschmackserlebnis der besonderen Art. Zwetschgenwasser, Zwetschgenkuchen, Trockenobst und vieles mehr lässt sich aus den blauen Früchtchen zaubern. Der Glanz der Frucht, die Bühl weit über die Landesgrenzen bekannt gemacht hat, scheint allerdings ein bisschen zu verblassen. Die Früchte seien Opfer des Höfesterbens, da sie hauptsächlich von der älteren Generation im Nebenerwerb angebaut würden, konnte man in der Presse lesen. Die Jüngeren setzen auf neue Sorten mit kleinwüchsigen Bäumen. Dann ist die Ernte einfacher. Oder sie satteln um auf Äpfel, das sei das unkomplizierte Obst.

Wie auch immer, die Bühler Zwetschge wird nicht aussterben, aber ihre Marktbedeutung wird zurückgehen. Nun ist es auch ein bisschen Aufgabe der Verbraucher, inwieweit die Tradition aufrechterhalten werden kann.

Adresse 77815 Bühl | **ÖPNV** Von Karlsruhe Hbf mit dem RE Richtung Offenburg, aussteigen in Bühl (Baden). | **Anfahrt** Über die A 5 bis Ausfahrt Bühl, weiter nach Bühl. | **Tipp** Jedes Jahr am zweiten Septemberwochenende wird das Bühler Zwetschgenfest gefeiert und von der Bühler Zwetschgenkönigin und dem Stadtoberhaupt jeweils am Freitagabend eröffnet.

28 Das Bühlertal

Landschaftliche Vielfalt auf engstem Raum

Steiler geht's kaum noch: Auf 12,5 Kilometern überwindet das Flüsschen Bühlot einen Höhenunterschied von über 600 Metern. Vom Kurhaus Sand an der Schwarzwaldhochstraße (820 Metern ü. d. M.) bis nach Altschweier (200 Metern ü. d. M.). Da hat die Kraft des Wassers ganze Arbeit geleistet. Die Bühlot – das Hauptgewässer des Bühlertals – und ihre Nebenbäche haben eine Landschaft mit tief eingeschnittenen Kerbtälern und Schluchten gebildet – und an mancher Stelle gleichzeitig ein Fenster in die Geologie geöffnet. Die Deckschichten des Buntsandsteins und die Schichten des rötlich-grauen Bühlertalgranits wurden vom Wasser freigelegt.

Das Wasser spielte in früherer Zeit aber noch eine ganz andere Rolle: Auf der Bühlot wurde auch Holz geflößt. Aber keine langen Stämme wie auf der Murg, sondern sogenanntes Scheitholz. Damit auch genug Wasser da war, baute man Schwallungen am Wiedenbach und am Gertelbach. Bei Bedarf schoss dann das abgelassene Wasser mitsamt dem Holz unter lautem Getöse talabwärts. Doch das ist Geschichte. Ab 1840 wurde das Holz mit Fuhrwerken abtransportiert, und heute gibt es außer im Heimatmuseum kaum noch Spuren der Flößerei zu beobachten. Ganz im Gegenteil: Was die Menschen aus den Fließgewässern an Geröll und Felsbrocken beiseitegeschafft hatten, um flößen zu können, kam mit dem wilden Wasser aus den Höhenlagen längst wieder zurück. Die Natur hat den Wildwassercharakter längst wiederhergestellt. Blockhalden, ausgedehnte Felsenmeere und Felsenburgen bereichern ebenfalls die faszinierende Landschaft.

Der Reiz des Bühlertals besteht jedoch nicht nur in den wildwasserartigen Flüssen und Bächen, sondern auch in den Siedlungsterrassen, gegliedert durch Hecken, Obstwiesen und ausgedehnte Weinberge. Das abwechslungsreiche Nutzungsmosaik wird durch Kastanienhaine ergänzt, die bei den Einheimischen nur Käschten heißen.

Adresse bei 77830 Bühlertal | **ÖPNV** Von Karlsruhe mit der S 4 Richtung Achern bis Bühl (Baden), Ruftaxi bis Bühlertal. | **Anfahrt** Auf der A 5 bis zur Ausfahrt Bühl, weiter auf Landstraße Richtung Untertal bis Bühlertal fahren. | **Tipp** Auf der Sonnenterrasse des Gasthofs »Schwarzwaldmädel« in Bühlertal im Längenbergweg 2 kann man bei einem rustikalen Vesper oder bei Kaffee und Kuchen sein Naturerlebnis Bühlertal gemütlich ausklingen lassen.

29__Die Gertelbachschlucht

Wo wilde Wasser wirken

Großartige Wunder können auch klein sein. Das zeigt sich an der relativen kurzen Gertelbachschlucht, die zum Bühlertal gehört und ein Gesamtkunstwerk der Natur aus Fluss, Fels und Farn darstellt. Wildwasser mit Geröllbett, Bachschnellen, kleine Wasserfälle und steile Felswände prägen das Bild. Der Gertelbach entspringt nahe der Schwarzwaldhochstraße und fließt nach zweieinhalb Kilometern in den Wiedenbach, welcher der Bühlot zustrebt – wilde Natur, die ihresgleichen sucht. Die Schlucht zählt zu den schönsten im Nordschwarzwald.

Über zahlreiche hölzerne Brücken, Stege und Stufen schlängelt sich ein Weg durch dieses Naturwunder. Mal links, mal rechts des Gertelbaches. Riesige, mit Moospolstern überzogene Granitblöcke säumen den Pfad, an manchen Stellen sind die Ufer flach und damit das Wasser zugänglich. Das Waten zwischen den Steinen ist eine sommerliche Erfrischung der besonderen Art, in tieferen Gumpen wie etwa dem Rossgumpen geht einem das Wasser schon mal bis zur Hüfte. Am eindrucksvollsten sind die mehrstufigen Wasserfälle: Das Wasser stürzt zum Teil aus einer Höhe von über sieben Metern mit lautem Getöse in die Tiefe. Hier zeigt sich die ganze Kraft des Elementes. Lose Felsbrocken, die wohl während der Eiszeit oder in den Jahrtausenden danach in die Schlucht stürzten, bilden die Gefällstufen.

Wälder aus Weißtannen, Eschen, Bergahorne, aber auch Fichten und Rotbuchen festigen die Hänge und hindern die Felsbrocken vor weiterem Abrutschen. Selbst bei sommerlich warmen Temperaturen ist es hier angenehm kühl – Voraussetzung für die feuchtigkeitsliebende Vegetation entlang des Gertelbaches, allen voran die Farne in ihrer ganzen Pracht. So etwa der Gewöhnliche Tüpfelfarn mit seinen langen Farnwedeln. Der Tüpfelfarn heißt im Volksmund auch Engelsüß, denn seine unterirdischen Sprosse wurden früher gegessen und schmecken süßlich.

Adresse Wiedenbach-Parkplatz, 77830 Bühlertal | **ÖPNV** Von Karlsruhe mit der S 32 (AVG) Richtung Achern, aussteigen in Bühl, Regionalbus 263 Richtung Forbach, aussteigen in Bühlertal, Haltestelle Gertelbachstraße. | **Anfahrt** A 5/B 3 nach Bühl und über die L 83 Richtung Sand/Schwarzwaldhochstraße. Nach der Ortsdurchfahrt Bühlertal und dem Abzweig nach Neusatz/Untersmatt am rechten Fahrbahnrand auf das Hinweisschild »Gertelbach-Wasserfälle« achten. Hier abbiegen. | **Tipp** Wer nach dem Aufstieg durch die Gertelbachschlucht noch Kraftreserven hat, dem sei der Abstecher zum Wiedenfelsen empfohlen. Von dort hat man eine phantastische Aussicht bis hinüber zu den Vogesen.

30__Der Hohe Ochsenkopf

Wo der Auerhahn balzt

Der frühere Weg zum Ochsenkopf ist jetzt nur noch ein unbefestigter Naturpfad. Kleine Wasserrinnsale bahnen sich ihren Weg im ehemaligen Wegbereich. Es geht über Stock und Stein, vorbei an Heidelbeersträuchern, die oft hüfthoch sind, vorbei an Gräsern, Farnen und jungen Tannen. Zwischendrin ein liegen gebliebener Wurzelteller, der Nährboden für neues Leben ist. Moose, Farne und krautige Pflanzen wachsen auf dem Gestell aus Wurzelwerk und Erde. Wildbienen und Grabwespen nutzen den offenen Boden und das Totholz. Im nischenreichen Wurzelwerk – einem Kunstwerk der Natur – hüpft ein Winzling von Wurzel zu Wurzel oder besser gesagt von Ast zu Ast. Es ist ein Zaunkönig.

Aber eigentlich sucht man hier nach dem Charaktervogel des Schwarzwaldes: dem Auerhahn. Heidelbeeren, seine Lieblingsspeise, sind zur Genüge da. Davon frisst ein ausgewachsenes Tier am Tag bis zu zwei Kilogramm. Außerdem ernährt sich der Auerhahn von Blüten und Blättern dieser Sträucher, jungen Brombeertrieben und Nadeln von Kiefern, Tannen und Fichten. Den mehr als hühnergroßen schwarzen Vogel zu sehen, gleicht einer kleinen Sensation, denn der Symbolvogel des Schwarzwaldes ist sehr scheu. Seine dunklen Schwanzfedern spreizt der Auerhahn insbesondere zur Balzzeit von März bis Juni, um den Hennen zu imponieren. So nach dem Motto, wer ist der Schönste im ganzen Schwarzwaldland? Dann ist er auch Menschen gegenüber angriffslustig und aggressiv. Sonst aber sucht er sein Heil lieber in der Flucht. Er ist kein guter Flieger, sein Flug wirkt alles andere als behände. Eher plump und schwerfällig landet er auch.

In Baden-Württemberg steht das Auerhuhn auf der Roten Liste und ist stark gefährdet. Im naturnahen Bergwald, etwa am Ochsenkopf im Nationalpark, kann er sich wieder ausbreiten. Und mit ihm andere selten gewordene Tiere wie Dreizehenspecht und Sperlingskauz.

Adresse Parkplatz Hundseck, 77815 Bühlertal–Hundseck | **ÖPNV** Bus Linie 244 und 245 von und in Richtung Baden-Baden; Bus Linie 263 in Richtung Bühl. | **Anfahrt** Schwarzwaldhochstraße (B 500) Richtung Ruhestein bis zum Parkplatz Hundseck | **Tipp** Unter dem Motto »Wo der Wald wild wird« bieten die Nationalpark-Ranger regelmäßig Wanderungen über den Hohen Ochsenkopf an (genaue Termine unter www.schwarzwald-nationalpark.de).

31 Die Teufelsküche im Albtal

Jetzt wird's spannend

Bernauer Alb und Menzenschwander Alb sind die Quellbäche des Flüsschens Alb, das mit viel Getöse durch den Hotzenwald dem Rhein zustrebt. Ein riesiges Gefälle auf kurzer Strecke ist der Grund für die Schluchten im Albtal. Zusätzliches Wasser kommt von kleinen Bächen aus den Seitentälern wie etwa dem Höllbach. Auch hier geht's laut zu, denn das Höllbachwasser stürzt an zwei Stellen über eine Granitschwelle ins Albtal. Immer wieder hat sich das Wasser durch den harten Granit seinen Weg gesucht und sich tief eingeschnitten. Klammartige, enge Flusspassagen sind die Folge. Besonders imposant ist der Durchbruch an der sogenannten Teufelsküche: eine 100 Meter lange Engstelle, an der die Alb besonders während der Schneeschmelze oder nach starken Regenfällen einen gigantischen Wasserstrudel bildet. Dort hat der Wasserlauf in Jahrtausenden mächtige Felsblöcke ausgehöhlt, in vielen ausgewaschenen Strudellöchern wirbelt das Wasser brausend und tosend umher. Ein imposantes Spektakel. Für Unerschrockene ist dies im Sommer auch ein schöner Naturbadeplatz. Nicht nur Badenixen genießen das kühle Nass in den steinernen Trögen, beschattet von den überhängenden Schluchtbäumen.

Doch warum Teufelsküche? Um bizarre Felsstrukturen ranken sich immer Sagen und Mythen. So auch hier. Einst sollte eine Brücke an dieser Stelle gebaut werden, doch niemand war in der Lage, den Schlussstein auf das Joch der Brücke zu setzen. Nach heftigen Flüchen stand plötzlich der Teufel da und sagte, dass er den letzten Stein einsetzen werde, unter der Bedingung, dass er die erste Seele bekomme, die über die Brücke gehe. Listig schickte der Baumeister ein Huhn über die Brücke und verärgerte den Teufel. Daraufhin stampfte dieser so fest auf, dass die Brücke zerbrach und die Steinbrocken in die Tiefe flogen, so die Sage.

Das gesamte Durchbruchstal steht unter Landschaftsschutz.

Adresse Wanderparkplatz Am Dorfbrunnen bei der Kirche, 79875 Dachsberg–Wilfingen | **Anfahrt** Über die A5 bis Ausfahrt Freiburg-Mitte, weiter über die B31 bis Titisee; von Titisee auf der B500 über Schluchsee, Häusern und St. Blasien weiter nach Dachsberg und Wilfingen bis zur Kirche. Von dort ist ein etwa 5 Kilometer langer Rundwanderweg zur Teufelsküche ausgeschildert. | **Tipp** Lassen Sie sich vom Rosenduft in Nöggenschwiel verzaubern. Nöggenschwiel, ein Ortsteil von Weilheim, ist das höchstgelegene Rosendorf Deutschlands mit 20.000 Rosenstöcken (www.rosendorf.de).

32 — Die Donauquelle

Brigach und Breg bringen die Donau zu Weg

Bereits auf der Autobahn deutet ein braunes Schild darauf hin, was man in Donaueschingen unbedingt gesehen haben soll: »Donauquelle und Fürstenschloss«. Die Donauquelle hat schon manchen Streit hervorgerufen. Denn was in dem in Stein gefassten Rund am Fürstenschloss aus der Erde sprudelt, ist Regenwasser aus dem Schwarzwald. Unterirdisch fließt es bis nach Donaueschingen, um dort als Karstquelle wieder zutage zu treten. Tiberius hat bereits 15 v. Chr. über diese Quelle berichtet und sie als Donauquelle bezeichnet. Doch was ist mit dem Sprüchlein »Brigach und Breg bringen die Donau zu Weg«?

Mehrere Jahrhunderte stritten die Gelehrten, wo die Donauquelle denn nun wirklich sei. Heute ist dieser Streit bei- und die Donauquelle klar festgelegt. Es heißt, dass die Donau zwar am Zusammenfluss von Brigach und Breg in Donaueschingen beginne, aber die eigentliche Quelle sich bei der Martinskapelle in Furtwangen befindet. Denn die Breg ist der längste und mündungsfernste Quellfluss der Donau. Genauso wird es etwa auch beim Nil oder beim Amazonas gehandhabt: Die der Mündung entfernteste Quelle gilt als der Ursprung des Flusses. Somit gilt das Sprüchlein von Brigach und Breg, das früher jeder Schüler aufsagen konnte, noch immer. Möglicherweise spiegelt sich dieser Sachverhalt der zwei Quellflüsse schon im Namen wider. Der alte Name »Do-avv« könnte für »zwei Wasser« stehen. Daraus wurde »Donaw« und schließlich Donau.

Und dann fließt die Donau über 600 Kilometer durch Deutschland, passiert viele Länder, um in Rumänien ins Schwarze Meer zu münden. Was ihre Länge angeht, gibt es – je nach Sichtweise – mehrere Angaben: 2.840 Kilometer lang ist sie ab der Donauquelle in Donaueschingen, 2.886 Kilometer, wenn man die 46 Kilometer lange Breg mit einrechnet. Die genaue amtliche Längenmessung, und das ist sehr ungewöhnlich, beginnt an ihrer Mündung und nicht an ihrer Quelle.

DONAUQUELLE

A Duna forrása

Prameň Dunaja

Izvor Dunava

Izvorul Dunării

Извор на река Дунав

Источник Дуная

Джерело Дунаю

Adresse 78166 Donaueschingen | **ÖPNV** Von Stuttgart mit dem Zug Richtung Singen (Hohentwiel) bis Donaueschingen, dann vom Bahnhof zu Fuß über die Josefstraße in die Fürstenbergstraße zur historischen Donauquelle. | **Anfahrt** Über die A 81, Ausfahrt Donau-eschingen, in die Stadt, die historische Donauquelle ist ausgeschildert. Zum Donauursprung über die A 81, Ausfahrt Villingen-Schwenningen, Richtung St. Georgen bis Furtwangen; dort sind Donauquelle und Martinskapelle ausgeschildert. | **Tipp** Genießen Sie eine un-vergessliche Zeit voller Harmonie, Ruhe und kulinarischer Gaumenfreuden im Kolmen-hof an der Donauquelle, drei Gehminuten von der historischen Martinskapelle entfernt (www.kolmenhof.de).

33_ Die Baar
Unendliche Weite

Weit geht der Blick übers Land. Nichts als Grün, denkt man unwillkürlich. Für Besucher präsentiert sich die Baar zunächst eher langweilig. Nicht Fisch, nicht Fleisch, weder Schwarzwald noch Schwäbische Alb. Doch die Baar beherbergt einen ganzen Komplex an Biotoptypen, der sich erst auf den zweiten Blick erschließt. Lebensräume, welche eine hochbedrohte Tier- und Pflanzenwelt beherbergen.

Die Baar ist eine Hochmulde mit Höhenlagen von 670 bis über 800 Meter Höhe, die zwischen den beiden Mittelgebirgen landschaftlich »vermittelt«. Nahezu alle Gesteinsschichten des südwestdeutschen Schichtstufenlandes sind hier vertreten. Der vielfältige Untergrund ist die Voraussetzung für vielfältige Böden, Landschaften und Artenreichtum. Und es gibt auf der Baar Moore, Großseggenriede und Röhrichte, Feuchtwiesen, Tannen-Mischwälder, Eichen-Buchenwälder und Magerrasen.

Diese Vielfalt war auch der Auslöser für ein Schutzprojekt von bundesweiter Bedeutung, nämlich das Naturschutzgroßprojekt Baar. Die Artenliste liest sich wie das »Who's who« im Naturschutz. Vogelkundler horchen auf, wenn Namen wie Wachtelkönig, Gänsesäger oder Braunkehlchen fallen. Was für die Pflanzenkundler etwa Pfingstnelken, Schachblumen, Mehlprimeln oder Färberscharte bedeuten, ist für die Insektenkundler der Blauschillernde Feuerfalter. Klein, aber oho, könnte man bei diesem Schmetterling sagen, ist er doch nur knappe 14 Millimeter lang. Wie ein kleiner blau schimmernder Edelstein flattert er über das blasslila Wiesenschaumkraut und die gelben Sumpfdotterblumen. Streng geschützt ist er nach der Bundesartenschutzverordnung. Doch was nützt das, wenn die Pflanzen und Lebensräume, an die er gebunden ist, nicht mehr da sind? Deshalb sollen im Naturschutzgroßprojekt vor allem die vielgestaltigen Feuchtgebiete erhalten werden. Das größte und besterhaltene Niedermoor auf der Baar ist das NSG Birken-Mittelmeß.

Adresse 78166 Donaueschingen–Pfohren | ÖPNV Mit dem IC Richtung Zürich, in Rottweil umsteigen in RE Richtung Neustadt, aussteigen in Donaueschingen. | Anfahrt Über die A 81, Ausfahrt Donaueschingen, über die L 180 (Fürstenbergstraße) nach Pfohren; am Ortsrand parken und auf der Unterhölzer Straße Richtung Schutzgebiet wandern. | Tipp Von der Unterhölzer Straße aus kann man mit dem Fernglas mit etwas Glück auch selten gewordene Vögel wie das Braunkehlchen oder den Kibitz beobachten.

34 Die Badische Brennkirsche

Benjaminler und Dolleseppler lassen grüßen

Dunkelblau bis violett färbt sich der Mund, wenn man die kleinen, fast schwarzen und süßen Kirschen im Übermaß verspeist. Benjaminler und Dolleseppler sind zwei Beispiele für badische Brennkirschen und liefern das echte Schwarzwälder Kirschwasser, das der berühmten Schwarzwälder Kirschtorte das gewisse Etwas und ihr unverwechselbares Aroma gibt. Ihre Heimat haben die Brennkirschen in der Vorbergzone des Schwarzwaldes. Das ist die hügelige Landschaft, welche die Schwarzwaldhöhen mit dem Rheintal verbindet. Die Ortenau gehört dazu. Neben Wein bestimmen Kirschen, Zwetschgen und Äpfel das Landschaftsbild und auch das Angebot. An vielen Stellen kann man die Produkte direkt beim Erzeuger verkosten und kaufen.

Während der Kirschwochen, das ist die Reifezeit der einzelnen Kirschsorten, geht es hier hoch her. Ohne Stiel und oft noch handgepflückt werden die Brennkirschen noch am gleichen Tag bei der Brennerei angeliefert und weiterverarbeitet. Vollreife, saubere Früchte sind aber nach wie vor die Grundvoraussetzung für ein gutes Destillat. Nach kontrollierter Gärführung wird die Kirschmaische gebrannt.

Die Kunst des Destillierens geht bis ins Mittelalter zurück. Damals erprobte Techniken werden noch heute angewendet. Beim Destillieren werden die Dämpfe eines erhitzten Stoffes (nämlich der Maische) durch einen Kühler geschickt, wo sie wieder verflüssigt werden: Das Kirschdestillat – ein echtes Schwarzwälder Geschmackswunder – ist entstanden. So konserviert, kann man den Schwarzwald auch mit nach Hause nehmen und vielleicht die Schwarzwälder Kirschtorte nachbacken. Das eher gewöhnliche Wort Schnaps passt nicht zu diesen edlen Bränden, denn damit ist ein schneller Schluck gemeint. Dagegen ist das Schwarzwälder Kirschwasser etwas für Genießer und Kenner. Es zergeht auf der Zunge, und wenn man die Augen schließt, wähnt man sich in den Obstwiesen der Ortenau mit all ihrer Pracht.

Adresse Verkostung des Kirschwassers zum Beispiel im Brennhielsi, Brendel 2, 77770 Durbach, Tel. 0781/42251 (Fam. Huber) | **ÖPNV** Mit dem Zug bis Bahnhof Offenburg, weiter mit dem Bus (Linie 7142) nach Durbach. | **Anfahrt** Über die A 5 bis zur Ausfahrt Appenweier, weiter auf B 28 und B 3 Richtung Offenburg, Abbiegen auf die K 5336 über Ebersweier nach Durbach. | **Öffnungszeiten** bitte telefonisch zur Besichtigung anmelden | **Tipp** Im kleinen Örtchen Mösbach bei Achern dreht sich beim Kirschblütenzauber Ende April alles um die roten Früchtchen (www.kirschbluetenzauber.de). Unter www.moesbach.de kann man sich für Kirschblütenführungen anmelden.

35_Der Feldberggipfel
Schöner Ausblick

Er ist der höchste Gipfel im Land, ganze 1.493 Meter misst er. Um ihn zu erklimmen, sollte man die Wanderstiefel schnüren und sich etwa vom Bahnhof Bärental auf den Weg machen. Durch Wald und Wiesen zum Seesträßle und weiter bis zum Otto Andris Eck. Von dort lohnt sich ein kleiner Abstecher zum Raimartihof. Vorbei am Feldsee, dem größten Karsee im Schwarzwald, kann man den steilen Aufstieg zu Fuß angehen, oder man genießt eine Fahrt hinauf mit der Feldbergbahn. Über den Seebuck mit seinem Bismarckdenkmal und den Grüblesattel geht es zum Feldberggipfel.

Von ganz oben hat man eine herrliche Fernsicht. Insbesondere bei sogenannten Inversionswetterlagen hat man atemberaubende Ausblicke über die Schwäbische Alb im Osten, die Vogesen im Westen und die Alpengipfel im Süden, manchmal bis zum Mont Blanc. Ist es nicht ein kleines Wunder, auf dem höchsten Berg der deutschen Mittelgebirge zu sein? Die Leichtigkeit ist förmlich zu spüren.

Der Feldberg ist auch das älteste und größte Naturschutzgebiet in Baden-Württemberg. Seine einzigartige subalpine Vegetation ist sehr trittempfindlich, deshalb dürfen die Besucher des Höchsten nur die ausgewiesenen Wege benutzen.

Vor nahezu zwei Jahrzehnten haben die Gipfelstürmer aus nah und fern ihren Feldberg fast zu Tode geliebt. An die zwei Millionen Menschen strebten jährlich dem Gipfel zu. Jeder quasi auf seinem eigenen Trampelpfad. Das Ergebnis waren tiefe Erosionsrinnen. Unter dem Stichwort »Besucherlenkung« entwickelten die Naturschutzbehörden ein Wegekonzept, an das sich die Menschen gewöhnt haben, kaum einer verlässt im Naturschutzgebiet noch die Wege. Und tut er es trotzdem, wird er von den Feldberg-Rangern wieder sanft, aber bestimmt auf den offiziellen Weg zurückgeschickt. Denn Trampelpfade abseits der offiziellen Wege sind nicht nur Ansatzpunkte für Bodenabspülung, sondern stören auch die empfindliche heimische Tierwelt.

Adresse 79868 Feldberg | **ÖPNV** Von Freiburg (Hbf) mit der RB Richtung Seebrugg Bahnhof; Ausstieg in Bärental. | **Anfahrt** B 317/B 500 Feldberg–Bärental; Parken am Bahnhof. Durch den Tannenweg gelangt man zum Wegweiser Adlerweiher. Von dort aus wird der Aufstieg zum Feldberg angezeigt. | **Tipp** In einer interaktiven und multimedial gestalteten Ausstellung im Haus der Natur (Dr.-Pilet-Spur 4) können sich Besucher über die Entstehung der Landschaft und die Lebensräume informieren. An vielen Stellen in der Ausstellung darf selbst Hand angelegt werden. Zudem gibt es ein abwechslungsreiches Veranstaltungsprogramm.

36__Der Feldsee

Dunkles Auge in urwüchsiger Natur

Halbrunde, steile Karwände, mächtige Abschlussmoränen mit vor Urzeiten vom Eis hierhertransportierten Steinbrocken und eine bis zu 34 Meter tiefe Mulde, die jetzt mit Wasser vollgelaufen ist – das ist der Feldsee. Friedlich und still liegt er da. Nur dann und wann wird die Wasseroberfläche vom Wind leicht gekräuselt. Ein Karsee wie aus dem Bilderbuch. Wie ein dunkles Auge leuchtet er am Fuß des Feldbergs. Was für ein Anblick! Auf einem Pfad kann man das eiszeitliche Naturwunder umrunden. Dabei kommt man aus dem Staunen nicht mehr heraus: mit Moosen überzogene Steine, Wasser in allen Farbnuancen, Licht und Schattenspiele, Ruhe – fast ein bisschen Schwarzwaldmystik. Die Felsen und Bäume spiegeln sich im glasklaren Wasser. Hier kann man die Hektik des Alltags vergessen und Ruhe pur genießen.

Auch die Flora und Fauna sind einzigartig. So gibt es etwa das Stachelsporige Brachsenkraut. Das ist ein seltener Unterwasserfarn, der außer am Feldsee nur noch am Titisee vorkommt. Die Blätter sind bis zu 20 Zentimeter lang und lanzettförmig. Aufgewirbelter Schlick sowie Tritte gefährden das Pflänzchen, deshalb gelten in beiden Seen Badeverbote. Der Farn und wenige spezialisierte Pflanzen bedecken den Seeboden. Der Name Brachsenkraut geht möglicherweise darauf zurück, dass in früherer Zeit Brachsen und andere Süßwasserfische auf diesem Farn zum Verkauf angeboten wurden. Heute leben im Wasser des Feldsees nur wenige Spezialisten wie Ruder- und Blattfußkrebse. An Fischen kommen nur der Seesaibling und die an klares, nährstoffarmes Wasser angepasste Elritze vor.

An den vom Gletscher glatt gehobelten Karwänden wachsen seit Jahrhunderten Tannen, Fichten, Bergahorne und Buchen – alles Baumarten mit elastischem Holz, das den abgehenden Lawinen standhält. Dazwischen Pflanzen, die es sonst nur in den Alpen gibt, wie etwa der Violette Alpenmilchlattich. Fachleute sprechen hier von Eiszeitrelikten.

Adresse bei 79868 Feldberg | **Anfahrt** A 5 bis Ausfahrt Freiburg, weiter über die B 31 bis Titisee-Neustadt, dann über die B 317 bis zum Seebuck, rechts abbiegen bis zum Parkplatz am Feldberger Hof. Der Feldsee ist nur zu Fuß zu erreichen. Man kann vom Parkplatz in etwa 30 Minuten zum See absteigen oder von Hinterzarten–Alpersbach über den Rinken auf der kleinen Straße hinwandern. | **Tipp** Direkt am Feldsee liegt der über 300 Jahre alte Raimartihof, ein Bauerngasthof mit uriger Schwarzwaldstube und Kachelofen (ganzjährig 9–19 Uhr geöffnet, www.raimartihof.de). Nach viel frischer Luft schmeckt ein Bibiliskäs mit Brägele (Frischkäse mit Bratkartoffeln) besonders gut.

37__Das Feldseemoor
Von Niedermooren und fleischfressenden Pflanzen

Not macht erfinderisch. Das ist nicht nur bei den Menschen so, sondern auch in der Natur. Im Feldseemoor unterhalb des Bismarckdenkmals herrscht – wie bei allen Mooren – akuter Nährstoffmangel. Normalerweise nehmen die Pflanzen über ihr feines Wurzelgeflecht aus dem Boden die vorkommenden Nährstoffe auf, doch hier im Moor können sie dies nicht. Einer der Spezialisten, der sich an diese schwierigen Bedingungen angepasst hat, ist der Langblättrige Sonnentau. Bei diesem Pflänzchen kommen im Feldseemoor gleich zwei Superlative zusammen: Zum einen ernährt es sich von Insekten, zum anderen gedeiht es an einem Standort in 1.100 Meter Höhe – der höchstgelegene subalpine Fund dieser Pflanze. Hier trotzt der Sonnentau Winterfrösten von Mai bis Oktober. Drosera anglica, wie die Wissenschaftler die Art nennen, ist stark gefährdet und vom Aussterben bedroht.

Die Strategie des Insektenfangens grenzt an ein kleines Wunder. Die Blätter des Sonnentaus sind mit Tentakeln ausgestattet, die mit Drüsenzellen besetzt sind. Diese produzieren einen klebrigen Schleim, sodass die Tentakel im Sonnenlicht glitzern wie Tau. Daher rührt wohl der Name der Pflanze.

Die Drüsenzellen besitzen außerdem einen roten Farbstoff, der die Lichtreflexion noch verstärkt. Vermutlich werden so die Insekten angelockt. Einmal gelandet, kommen Fliege und Co. nie mehr weg. Zunächst bleiben sie an dem Schleim kleben, dann beginnt die Pflanze mit der Ausscheidung von Eiweiß abbauenden Enzymen. Diese lösen das Insekt förmlich auf, und die so entstehende eiweißhaltige Flüssigkeit dient der Pflanze als Nahrung. Übrig bleibt der Chitinpanzer der Insekten.

Hauptsächlich Fliegen, kleine Schmetterlinge und Libellen fallen dem Sonnentau zum Opfer. Doch das ist der Kreislauf der Natur. Pflanzen, die sich bei ihrem Nahrungserwerb auf Insekten spezialisiert haben, nennt der Fachmann Insektivore.

Adresse bei 79868 Feldberg | **ÖPNV** Von Freiburg Bahnhof mit der RB bis Bärental Bahnhof, weiter mit dem SBG-Bus 7300 bis Feldberger Hof. | **Anfahrt** Über die A 5 bis Ausfahrt Freiburg, weiter über die B 31 bis Titisee-Neustadt, dann über die B 317 bis zum Seebuck, rechts abbiegen bis zum Parkplatz am Feldberger Hof oder Haus der Natur am Feldberg. Ab hier sind Feldsee und Feldseemoor ausgeschildert. | **Tipp** Eine besondere Tour rund um den Feldberg gelingt über den Feldbergsteig. Über die »Hosentaschenranger-App« kann man sich eine Führung des Feldbergrangers aufs Smartphone laden und sich mit Witz und Ironie führen lassen. Start und Ziel ist das Haus der Natur beim Feldberger Hof, Weglänge 13 Kilometer.

38__Die Gämsen am Feldberg
Rückkehr in heimische Gefilde

Im Steilhang des Zastlertales stehen Gämsen und fressen die Kräuter und Gräser ab. Mit dem Fernglas kann man gar nicht selten Weibchen und Jungtiere beobachten. Die Herde umfasst bis zu 30 Tiere. Sie sind scheu, und sobald das Wächtertier einen warnenden Pfiff ausstößt, verschwinden sie im Wald.

Der Rumpf erwachsener Tiere ist bis zu 1,20 Meter lang, ihre Schulterhöhe beträgt bis etwa 80 Zentimeter. Männchen und Weibchen unterscheiden sich durch ihr Gewicht. Beide Geschlechter tragen Hörner, die im Gegensatz zum Geweih der Hirsche und Rehböcke nicht abgeworfen werden.

Ein Gamsbart, wie ihn manche Jäger gerne als Hutschmuck tragen, ist nicht zu erkennen. Wie auch? Den gibt es nämlich gar nicht. Der sogenannte Gamsbart setzt sich aus verlängerten Haaren zusammen, welche die Tiere an ihrer Hinterpartie oberhalb des kurzen Schwanzes tragen.

Eigentlich ist die Gämse ein Tier der Alpen, also des Hochgebirges. Trotzdem leben im Schwarzwald seit circa 80 Jahren mehr als 800 Exemplare. In den 1930er Jahren wurden sieben Böcke und elf Geißen als Wildfänge aus Österreich im Zastlertal am Fuß des Feldbergs ausgewildert, denn in früherer Zeit waren Gämsen auch in Mittelgebirgslandschaften heimisch. Archäologen konnten belegen, dass noch vor etwa 5.000 Jahren Gämsen sowohl in Frankreich als auch in Deutschland weit verbreitet waren. Doch heute fehlen Bär, Wolf oder Luchs als natürliche Feinde im Schwarzwald. Bejagung ist wohl das einzige Regulativ. Gamsjagd ist mühselig und auch gefährlich, davon weiß der Gamshegering im Schwarzwald zu berichten. Doch ohne Jagd geht es nicht. Die scheuen Tiere werden von den Wanderern und Besuchergruppen in den Bergwald gedrängt, wo sie die jungen Bäume verbeißen und damit den natürlichen Waldaufwuchs behindern. Also: Stille ist das Gebot der Stunde, sonst ist das Naturerlebnis schnell vorbei.

Adresse 79868 Feldberg | **ÖPNV** Vom Freiburger Hauptbahnhof mit der Höllentalbahn nach Titisee oder Bärental, weiter mit dem FreizeitBus Linie 9007 sowie der Linie 7300 bis zum Feldberger Hof. | **Anfahrt** B 31 bis Titisee-Neustadt, dann über die B 317 bis zum Seebuck, rechts abbiegen bis zum Parkplatz am Feldberger Hof oder Haus der Natur am Feldberg. Über den Seebuck und den Feldberg gelangt man zu Fuß ins Zastlertal. | **Tipp** Wer die Gämsen in freier Natur nicht beobachten konnte, dem hilft ein Besuch im Wildgehege auf dem Mühlberg in Waldshut. Dort können außerdem weitere einheimische Tierarten wie Schwarz- und Rotwild, Greifvögel ebenso wie Dam- oder Suka-Wild und Steinböcke bewundert werden.

39___Der Seebuck

Der Zweithöchste

Der Seebuck ist praktisch der kleine Bruder des Feldbergs. Zwar ist er nur 45 Meter niedriger, steht aber im Schatten des Mythos des höchsten Berges im Schwarzwald. Doch der Seebuck braucht sich als kleiner Feldberg gar nicht zu verstecken, krönt ihn doch ein Bismarckdenkmal. Bismarckdenkmäler wurden früher an vielen Orten errichtet, um an den ersten deutschen Reichskanzler Fürst Otto von Bismarck zu erinnern. Jenes auf dem Seebuck sieht ein bisschen aus wie ein aus Bruchsteinen zusammengesetzter Obelisk und wurde 1895/1896 aufgestellt. Otto von Bismarck bedankte sich mit folgenden Worten in der Badischen Zeitung: »Ich bin sehr dankbar für die hohe Ehre, die mir mit der Errichtung des Denkmals gerade auf dem Feldberge erwiesen wird, und habe aus früheren Besuchen des schönen badischen Landes die anschauliche Erinnerung des Schwarzwalds.« Da hat sich der Reichskanzler wohl etwas geirrt. Denn das Denkmal steht wirklich auf dem Seebuck und nicht auf dem Feldberg.

Doch zwischen dem Feldberg und dem Seebuck gibt es auch viele Gemeinsamkeiten. Eine davon ist die subalpine Vegetation, die auf die Nacheiszeit zurückgeht und im gesamten Gipfelbereich mit botanischen Kostbarkeiten aufwartet. Das gesamte Feldberggebiet – einschließlich des Seebucks – ist bis heute eine einzigartige subalpine Vegetationsinsel. Hier existieren etwa 50 Vertreter der Tundren- und Kaltsteppenpflanzen, die auf die Eiszeit zurückgehen. In den Felswänden findet sich der azurblaue Felsenehrenpreis.

Zwergglockenblume, Alpendistel oder Alpenfrauenmantel zeigen, dass es in den Graniten und Gneisen des Hochschwarzwaldes sogar kalkhaltige Bereiche gibt. Auch das echte Aurikel gehört zu diesem besonderen Florenschatz. Und auf den hochgelegenen Weideflächen breiteten sich Borstgras, Alpenbärlapp, Bergwohlverleih, besser bekannt unter dem Namen Arnika, und Gelber Enzian aus.

Adresse bei 79868 Feldberg | **ÖPNV** Von Freiburg Bahnhof mit der RB bis Bärental Bahnhof, weiter mit dem SBG-Bus 7300 bis Feldberger Hof. | **Anfahrt** Über die A 5 bis Ausfahrt Freiburg, weiter über die B 31 bis Titisee-Neustadt, dann über die B 317 bis zum Seebuck, rechts abbiegen bis zum Parkplatz am Feldberger Hof beziehungsweise »Haus der Natur«. Ab hier geht es mit der Feldbergbahn oder zu Fuß auf den Berg. | **Tipp** Der ehemalige Funkturm auf dem Seebuck ist inzwischen für Besucher geöffnet.

40_Das Zastlerloch

Ein Treppenkar mit Lawinengefahr

Ein Lawinenabgang im Januar 2015 verschüttete zwei Skifahrer im Schwarzwald, so die Pressemeldung. Sie sind am Zastlerloch gestorben. In der Tat hat der Feldberg zwei Gesichter. Nach Süden und Südwesten präsentiert er sich sanft, nach Norden wild und alpin. Auf der schwarzen Abfahrt von Fahl gab es in früheren Jahren schon Weltcuprennen. Solche Abfahrten sind für Skifahrer und Snowboarder eine Herausforderung, abseits der Piste jedoch auch eine große Gefahr.

Alpine Verhältnisse im Schwarzwald sind für Wintersportler etwas Besonderes, für Wanderer und Naturliebhaber im Sommer ein Naturwunder. Das Zastlerloch an der Nordseite des Feldbergs ist eine vom Gletscher ausgeschürfte Mulde, die als Kar bezeichnet wird. Eine Besonderheit am Zastlerloch: Durch verschiedene Gletscherschübe ist der Karboden treppenartig ausgebildet, deshalb spricht man auch von Treppenkaren. Das macht das Areal steil und unwegsam. In den Mulden der Kare liegen Schnee und Eis besonders lang. Oft haben sich darin kleine Flachmoore mit alpinen Moorpflanzen entwickelt. Besonders interessant sind die alpinen Borstgrasrasen mit Heidekraut in den höchsten Lagen, wo echte Alpenarten gedeihen, unter anderem Arnika, Gold-Fingerkraut und Alpenlattich. Sucht man die fleckweise bunt blühenden Bergwiesen auf dem Feldberg systematisch ab, entdeckt man weitere Kostbarkeiten, so die Gemeine Mondraute und den Alpen-Moosfarn.

Auch in der Tierwelt sind Eiszeitrelikte im Schwarzwald bekannt. Recht leicht kann man die flugunfähige schwarz-gelb-grün gemusterte Alpenschrecke auf ihren Futterpflanzen beobachten. Oder den metallisch grün gefärbten Alpen-Blattkäfer. In den Wipfeln sind Tannenhäher und Zitronengirlitz zu Hause. Das Zastlertal hinunter zur Zastlerhütte ist im Sommer ein wunderbares, blühendes Eldorado für Pflanzenfreunde und solche, die es werden wollen.

Adresse bei 79868 Feldberg | **ÖPNV** Von Freiburg Bahnhof mit der RB bis Bärental Bahnhof, weiter mit dem SBG-Bus 7300 bis Feldberger Hof. | **Anfahrt** Über die A 5 bis Ausfahrt Freiburg, weiter über die B 31 bis Titisee-Neustadt, dann über die B 317 bis zum Seebuck, rechts abbiegen bis zum Parkplatz am Feldberger Hof beziehungsweise »Haus der Natur«, ab hier mit der Feldbergbahn oder zu Fuß auf den Berg und weiter zum Zastlertal. | **Tipp** Ein zünftiges Schwarzwälder Vesper erwartet Wanderer auf der Zastlerhütte, die zwischen dem Rinken im Osten und der St. Wilhelmer Hütte im Südwesten liegt (Tel. 07676/244; geöffnet 10 – 18 Uhr; Do Ruhetag; www.zastler-huette.de).

41 Die Giersteine

Eigentümliche Felsen oder heidnische Opfersteine?

In die Giersteine bei Forbach-Bermersbach hat man schon vieles hineininterpretiert. Sind es heidnische Opfersteine? Oder etwa besondere Kraftorte? Oder sind sie einfach eine Laune der Natur, der man mit naturwissenschaftlichen Methoden näherkommen und für die man eine Erklärung finden kann? Fakt ist, dass die eigenartigen Steine bei Bermersbach auf einer schmalen, fast ebenen Terrasse oberhalb des Murgtals liegen. Entstanden sind sie durch eine besondere Art der Verwitterung ihres Ausgangsgesteines, dem Forbachgranit. Die Felsblöcke, die etwa sieben mal vier auf vier Meter messen, sind bei der natürlichen Zersetzung des sie ursprünglich umgebenden, feineren Gesteinsmaterials ganz einfach übrig geblieben. Fachleute sprechen aufgrund der Form von Wollsackverwitterung. Die Felsblöcke sind also nichts anderes als »Granitwollsäcke«.

Die Formen der Wollsäcke können die Phantasie anregen. Zwei der Granitblöcke tragen auf ihrer Oberfläche schüsselförmige Vertiefungen, die auch schon als Opferschalen gedeutet wurden. Der größte Granitblock, der auch begehbar ist, hat scharfe Steinrippen, in denen einst Blut geflossen sein könnte. Doch die These, dass es sich um heidnische Opfersteine aus germanischer Zeit handelt, konnte wissenschaftlich nicht bewiesen werden. Die Herkunft des Namens gab ebenfalls Rätsel auf. Am plausibelsten erscheint noch die Erklärung, dass »Gir« mit dem Tiernamen »Gier« (Geier) zusammenhänge – Flurnamen wie Giersberg, Gierifuß, Giersloch oder Giersnest sind im Badischen recht häufig.

Nichtsdestotrotz sind die Giersteine bei Bermersbach ein besonderes Ausflugsziel, an dem sich jeder sein eigenes Bild machen kann. Zudem kann man einen phantastischen Ausblick ins Murgtal genießen.

In der weiteren Umgebung gibt es zahlreiche ähnliche Granitblöcke, so etwa der »Pulverstein« südlich von Oosscheuern oder der »Hockende Stein« nördlich der Bühlerhöhe.

Adresse bei 76596 Forbach–Bermersbach | **Anfahrt** Über die B 500 nach Baden-Baden, in Bad Lichtental Richtung Gernsbach, nach circa 2,5 Kilometern Richtung Forbach. Von Forbach führen mehrere Wanderwege über den Kirren und das Sersbachtal nach Bermersbach. Ausgangspunkt ist der Bahnhof, von dort sind es etwa 3 Kilometer zu den Giersteinen. | **Tipp** Besonders für eine Wanderung mit Kindern ist der Bermersbacher Ziegenpfad zu empfehlen. Auf einem fünf Kilometer langen Rundweg erfährt man Wissenswertes über diese Vierbeiner und hat unmittelbaren Kontakt zu ihnen. Der Weg ist für Kinderwägen nicht geeignet. Start und Ziel ist der Parkplatz der S-Bahn am Haltepunkt Forbach (www.ziegenfreunde.bermersbach.de).

42 Das Kauersbachtal

Blumenhänge und Heuhütten

Die Täler rund um Forbach heißen Heuhüttentäler; kleine Heuhütten und blumenbunte Wiesenhänge prägen die Landschaften. Mit dem Strukturwandel in der Landwirtschaft droht dieser einzigartigen Kulturlandschaft das Aus, aber die Forbacher haben sich zum Erhalt ihrer außergewöhnlichen Heuhütten einiges einfallen lassen. Rund um das Kauersbachtal und den Schobelsrain in Gausbach führen mehrere Rundwege. Einer davon ist der »Sagenweg«. Der Forbacher Künstler Rüdiger Seidt und andere Bildhauer haben die Sagen-Stationen gestaltet. Da gibt es etwa die Sage vom Berthold, dem auf dem Weg von Forbach nach Gausbach etwas »Füriges« (Feuriges) zustieß. Daran erinnert eine Teufels-Stele. Der Hexenstein oder der Schulmeisterfelsen sind weitere Stationen.

Doch es müssen nicht immer die Themenwege sein, die einen durch die historische Kulturlandschaft mit ihrer vielfältigen Natur führen. Mit offenen Augen kann man viele kleine Naturwunder am Wegesrand entdecken. Denn die Erhaltung der Wiesen und Weiden, die von der Landwirtschaft schon lange aufgegeben wurden, ist nicht nur für Touristen interessant, sondern auch für den Erhalt der Artenvielfalt von Bedeutung. Wo gibt es denn noch Hänge mit Glatthaferwiesen und den charakteristischen dort vorkommenden Arten? Stattliches Knabenkraut, Mückenhändelwurz, Großes Zweiblatt, Arnika oder Heidenelke – alles floristische Kostbarkeiten, die inzwischen Seltenheitswert haben. Entlang der Wasserläufe und in feuchten Mulden sind es dann Breitblättriges und Geflecktes Knabenkraut oder die gelb blühenden Trollblumen, die auch Goldköpfchen oder Butterblumen genannt werden – Pflanzen, die an eine extensive landwirtschaftliche Nutzung gebunden sind. Fällt diese Nutzung weg, bedeutet das auch das Aus für diese blumenbunte Wiesenwelt. In den Heuhüttentälern wird die historische Nutzung für den Landschaftsschutz und die Heimatbewahrung aufrechterhalten (s. Seite 230).

Adresse bei 76596 Forbach–Gausbach | **ÖPNV** S-Bahn Karlsruhe–Freudenstadt (S 41) bis Forbach Bahnhof oder Gausbach Bahnhof. | **Anfahrt** B 462 Richtung Forbach, weiter nach Gausbach. Ausgangspunkt der Wanderungen ist der Haltepunkt der Stadtbahn (S 41) oder die Festhalle in der Ortsmitte von Gausbach. | **Tipp** Ausführlich beschrieben finden sich die Rundwege in einem Faltblatt »Wanderparadies Gausbach«, das bei der Tourist-Info im Rathaus Forbach erhältlich ist oder aus dem Internet runtergeladen werden kann (www.forbach.de). Für Eilige bietet sich der Kleine Heuhüttenweg (3,6 Kilometer), für vertiefte Einblicke der Große Heuhüttenweg (13,4 Kilometer) an.

43 __ Die Strudeltöpfe

Mit Frosch, Rutschbahn und Reihernest

Das Wasser der Murg ist ein echter Künstler. Bei Langenbrand hat sich der Fluss seinen Weg durch oft mehrere Meter große Granitblöcke gebahnt. Die schleifende Kraft von Schotter und Kieselsteinen im Wasser hat dabei die Felsen verformt. So sind regelrechte Kunstwerke der Natur entstanden. Die Menschen haben ihnen Namen gegeben.

Ein vier Meter hoher Granitblock erinnert mit seinem aufgesperrten Maul an einen übergroßen Frosch. Das ist der Langenbränder Frosch. Auch die Rutschbahn, das Reihernest oder aber den Dreilochherd kann man sich bildlich vorstellen. An Stellen, an denen Mahlsteine von den Wasserwalzen zurückgehalten und im Kreis bewegt wurden, konnten sie sogenannte Strudeltöpfe aus dem Stein schürfen. Die Mahlsteine, die auf diese Art kugelig geschliffen wurden, sind von den Wasserturbulenzen so lange in den natürlichen Vertiefungen umhergerollt worden, bis regelrechte Schächte entstanden. Fast zwei Meter Tiefe und bis zu 60 Zentimeter Durchmesser messen die Strudeltöpfe in der Langenbrander Schlucht. Manchmal brechen die Wände zwischen solchen Strudeltöpfen zusammen. Dann entstehen bizarre Steinformen.

Leider kann man das Wasser bei seiner Mahltätigkeit nicht allzu oft beobachten, denn häufig liegt das Flussbett bei Langenbrand trocken. Die Murg ist oberhalb von Forbach aufgestaut, um die Wasserkraft zu nutzen und Elektrizität zu erzeugen. Einen Vorteil hat dieser Umstand allerdings auch: Man kann trockenen Fußes bis zu den Strudeltöpfen gehen und sich die Whirlpools aus Stein aus der Nähe anschauen. Die Frage nach dem Alter dieser Strudeltöpfe kann in Langenbrand ziemlich genau beantwortet werden. Bei einer Hochwasserkatastrophe im Jahr 1824 wurde das Flussbett von so viel Geröll verschüttet, dass sich das Freimachen für die Flößerei nicht mehr lohnte. Also sind die Strudeltöpfe noch keine 200 Jahre alt.

Adresse 76596 Forbach–Langenbrand | **ÖPNV** Mit der S 31 oder S 41 von Karlsruhe über Rastatt bis Langenbrand (Haltestelle). | **Anfahrt** A 5, Abfahrt Rastatt, dann weiter über die B 462 bis Langenbrand, S-Bahn-Haltestelle (alter Bahnhof). Von dort geht man Richtung Sportplatz, der direkt an der Murg liegt. | **Tipp** Das Wahrzeichen der Gemeinde Forbach ist die überdachte historische Holzbrücke, angeblich die größte ihrer Art in Europa. Seit 1778 gibt es sie in der heutigen Form. Sie wurde in den Jahren 1954/55 originalgetreu nachgebaut und 1976 generalsaniert. Unbedingt anschauen! Man kann am S-Bahn-Halte-punkt Forbach parken und sieht hinunter zur Murg und der Holzbrücke. Bis dorthin sind es etwa 500 Meter.

44___Die zahme Dreisam

Schwarzwaldforellen brauchen wilde Wasser

Während im Fluss Dreisam wieder Lachse heimisch werden sollen, sind die Bachforellen schon da. Insbesondere im naturnahen, eher wilden Flussabschnitt zwischen Kirchzarten und Freiburg und natürlich in den vielen anderen Schwarzwaldflüsschen. Der Name der Dreisam ist keltischen Ursprungs und bedeutet so viel wie »die Schnellfließende«. In Kirchzarten macht sie ihrem Namen alle Ehre, aber in Freiburg ist sie in einen Kanal gezwängt. Am Ufer in Innenstadtnähe lässt sich der Fluss erleben. Zwischen Sandfangweg und Jugendherberge wird er gerade renaturiert, denn nur dort, wo Wasser kühl und sauber ist, ist die Bachforelle zu Hause. Hier heißt sie Schwarzwaldforelle, gilt als Delikatesse und ist streng geschützt.

Treffender hätten der Komponist Franz Schubert und der Texter Christian Schubert die Bachforelle in ihrem Lied »Die Forelle« nicht beschreiben können: »In einem Bächlein helle, da schoss in froher Eil, die launische Forelle, vorüber wie ein Pfeil.« Tatsächlich bewegt sich die Forelle flink im kalten Mittelgebirgswasser des Schwarzwaldes, gut angepasst durch ihren stromlinienförmigen Körper und ihr geringes Gewicht: Maximal 500 Gramm bringt eine »Naturforelle« auf die Waage. Die Tiere brauchen reichhaltige Nahrung in Form von Insekten und deren Larven. Auch Krebse, Schnecken und kleine Fische stehen auf dem Speiseplan dieses Raubfisches.

Auf unserem Speiseplan stehen Schwarzwaldforellen, zubereitet auf die verschiedenste Art und Weise. So viele Schwarzwaldforellen, wie gegessen werden, kann man gar nicht aus den Schwarzwaldbächen fangen. Deshalb gibt es Zuchten. Je niedriger die Temperatur des Gebirgswassers ist, desto länger brauchen die Forellen, um groß zu werden. In den Zuchten müssen die Lebensbedingungen vom Laichen bis zum Fang höchsten Anforderungen genügen, erst dann erhalten die Fische das geschützte Warenzeichen »Schwarzwaldforelle«.

Adresse 79098 Freiburg | **Anfahrt** A 5 bis Freiburg. Die B 31 führt direkt an die Dreisam. | **Tipp** Die alte Zähringerstadt Freiburg mit dem imposanten Münster und den kleinen Bächli, deren Wasser aus der Dreisam stammt, ist immer einen Besuch wert. Einen ersten Überblick kann man sich durch die Leitsysteme »Historische Altstadt« und »Green City« auf eigene Faust erwerben.

45__Der Schauinsland

Nomen est omen

Die Freiburger nehmen es oft wörtlich und wandern auf ihren Hausberg, um weit ins Land zu schauen. Insbesondere bei Inversionswetterlagen zieht es viele auf den Berg, hat man doch von dort eine phantastische Aussicht bis zu Jungfrau, Eiger und Titlis. Wer den Mont Blanc sehen will, muss höher hinaus, auf die 20 Meter hohe Aussichtsplattform des Schauinslandturms. Über Jahrhunderte gehörte der Freiburger Hausberg, der gleich hinter der Stadtgrenze aufragt, den Bauern, Köhlern und Bergleuten. Dann kamen ab Ende des 19. Jahrhunderts Wanderer, Skifahrer, Rennfahrer und Radfahrer und mit ihnen der Rummel auf den Berg.

Bereits seit den 1930er Jahren existiert das Schutzgebiet Schauinsland, um die Natur zu bewahren. Denn diese ist ein einzigartiger Schatz, so gleich am Rand der Großstadt. Dort, wo der Wind durch das Blätterdach weht und große Bäume Schatten spenden, taucht man ein in eine andere Welt. Steile Pfade, kleine Bächlein, bunte Blüten, Vogelgezwitscher und vielerlei Gerüche machen den Bergwald am Schauinsland aus. Natur pur. Tannen-, Buchen- und Eichenwälder gehen mit zunehmender Höhe über in Wälder aus Buchen, Fichten und Tannen, in die Eschen, Kiefern und auch Wildkirschbäume eingestreut sind. Ab 1.000 Metern dominiert der ökologisch wertvolle Buchen-Bergahorn-Tannenwald, welcher ab 1.200 Metern in den montanen Buchenwald übergeht.

Typisch für die Wälder der montanen Stufe und die Hochstaudenfluren sind etwa der violett blühende Alpen-Milchlattich und der weißfilzige Graue Alpendost. Diese Pflanzen sind sogenannte Glazialrelikte, also Reste ehemals verbreiteter Vegetationsformen der Eiszeit. Einst wurde der Alpen-Milchlattich auch als Gemüse gegessen oder an das Vieh verfüttert, um die Milchleistung zu erhöhen. Weitere Naturschönheiten wie der Eisenhutblättrige Hahnenfuß, der Wiesenbärenklau oder der Waldgeißbart wachsen in diesen Hochstaudenfluren.

Adresse 79098 Freiburg | **ÖPNV** Von Freiburg (Breisgau) Bahnhof mit der S 3/S 2/ VAG-Bus 1 bis Horben Schauinslandbahn-Tal. | **Anfahrt** Über die A 5 bis Ausfahrt Freiburg-Mitte, weiter über die B 31 in die Stadt. Der Weg (L 124) zur Talstation der Schauinslandbahn ist ausgeschildert. | **Tipp** Wer ins Berginnere eindringen will, sollte dem Museumsbergwerk einen Besuch abstatten. Mehr als 700 Jahre wurde am Schauinsland nach Silber- und Bleierzen gegraben. Mit der Schauinslandbahn, der längsten Umlauf-seilbahn Deutschlands, kommt man auf den Berg, der Weg zum Museum ist ausgeschildert (circa 5 Gehminuten).

46_Der Ellbachsee

Zuhause von Elfen und Wassergeistern

Karseen sind auf den ersten Blick merkwürdige Mulden und bergen eine Menge Geheimnisse und Naturwunder. Ihrer dunklen Farbe wegen galten sie lange Zeit als unergründlich.

Alle Karseen sind eiszeitlichen Ursprungs. Heute noch kann man die Gewalt des Eises in ihrer Umgebung nachvollziehen. Eine sehr steile, fast glatt gehobelte Felsrückwand, ein nahezu kreisrundes, vertieftes Becken, das nach Norden beziehungsweise Osten ausgerichtet ist.

Das ist nicht verwunderlich, denn in der Schattenlage des Gebirges schmolz der Schnee in den Mulden nicht mehr ab, sondern verfirnte und vereiste – ein Gletscher war geboren. Talseitig sind die Karseen durch einen sogenannten Moränenwall oder auch Karriegel abgeschlossen. Das ist der Gletscherschutt, den das Eis vor sich herschob. Bei zunehmender Erwärmung sammelte sich Quell- und Regenwasser in dieser Art natürlichem Stausee, das manchmal auch den Moränenwall durchbrach.

Im Gegensatz zu anderen Karseen ist der Ellbachsee nur maximal zwei Meter tief. Auch seine heute noch offene Wasserfläche ist vergleichsweise klein. Er befindet sich schon in einem starken Verlandungsstadium, was mit der geringen Wassertiefe zusammenhängt. Zudem hat sich eine ursprüngliche Torfdecke vom Rand gelöst und bildet jetzt eine Insel im See. Schwingrasen auf schwimmenden Torfkörpern schließt sich an die offenen Wasserflächen an. Eine botanische Torfmoosgesellschaft mit Pfeifengras, Wollgras und Schnabelseggen begünstigt den Verlandungsprozess, dessen einzelne Stufen sich hier gut ablesen lassen. Waldkiefern und Fichten weisen auf zunehmend trockene Bereiche hin. Dass die Wasserqualität gut ist, zeigt die Tatsache, dass das Dorf Kniebis bis heute vom Ellbachsee sein Trinkwasser über eine Pumpleitung bezieht. Baden ist nicht erlaubt, denn der Ellbachsee steht unter Naturschutz und soll ganz der Natur überlassen bleiben.

Adresse 72250 Freudenstadt–Kniebis | **ÖPNV** Linie 7266 und 12 werktags ab Stadt-
bahnhof, Linie 2 und 13 an Wochenenden und an Feiertagen. | **Anfahrt** Über die B 28
von Freudenstadt und Bad Peterstal–Griesbach oder die B 500 aus Baden-Baden bis nach
Kniebisdorf; Parkplatz gegenüber dem Besucherzentrum Schwarzwaldhochstraße Freuden-
stadt–Kniebis. | **Tipp** Von der neuen Aussichtsplattform Ellbachblick bietet sich ein herr-
licher Blick über den Ellbachsee, die umgebende Schwarzwaldlandschaft bis zum Schliffkopf
und zur Hornisgrinde. Vom Parkplatz an der Kniebishütte, direkt an der Schwarzwaldhochstraße, ist der Ellbachseeblick circa einen Kilometer entfernt.

47__Die Elisabethenquelle

Wohliger Jungbrunnen aus des Markgrafs Hand

Gaggenau ist eigentlich eine Autostadt. Mit seiner Truckproduktion ist Mercedes-Benz neben vielen anderen Unternehmen der größte Arbeitgeber in der großen Kreisstadt. Dass der Stadtteil Bad Rotenfels ein anerkannter Kurort ist, ist weniger bekannt. Dies ist mehr oder weniger dem Markgraf Wilhelm zu verdanken.

Auf der Suche nach Steinkohle wurde im Jahr 1839 eine Mineralquelle entdeckt. Markgraf Wilhelm ließ sie in Stein fassen und nannte sie nach seiner Frau »Elisabethenquelle«. Aus 850 Meter Tiefe kommt das Natrium-Chlorid-Thermalwasser an die Erdoberfläche und ist Grundlage des Kur- und Badebetriebes in Bad Rotenfels. Aus der ehemaligen Elisabethenquelle wurde das moderne Mineral-Thermal-Bad »Rotherma« mit zwei Außenbecken, Felsensauna und Salzgrotte. Auf über 5.000 Quadratmetern erstreckt sich diese Badelandschaft und lädt das ganze Jahr über zum Baden ein. Hier kann man entspannen, die Seele baumeln lassen und das Naturwunder aus der Tiefe genießen. Das Heilwasser verspricht Linderung bei Rheuma-, Magen-, Atemwegs- und Hauterkrankungen.

Markgraf Wilhelm von Baden haben die Gaggenauer aber nicht nur das Rotenfelser Kur- und Badewesen zu verdanken, er machte sich auch um die Land- und Forstwirtschaft verdient: Nach seiner militärischen Laufbahn zog er sich nach Rotenfels zurück, um seine dortigen Güter vorbildlich zu bewirtschaften. Mit der Errichtung der »Markgraf-Wilhelm-Wege« will die Stadt Gaggenau nicht nur »die Persönlichkeit des Markgrafen würdigen, sondern auch Geschichts- und Naturverbundene auf seine Spuren führen«, heißt es in einem Prospekt der Stadtverwaltung. Bei den »Markgraf-Wilhelm-Wegen« handelt es sich um zwei Rundwege mit insgesamt 21 Infotafeln. Durch den Kurpark geht es zur Elisabethenquelle mit Trinkprobe, aber auch zu den mittelalterlichen Ringwallanlagen oberhalb von Rotenfels mit herrlicher Aussicht.

Adresse 76571 Gaggenau–Bad Rotenfels | **ÖPNV** Mit der Stadtbahn S 41 von Karlsruhe aus bis Haltestelle Bad Rotenfels Schloss, dann die B 462 Richtung Rotherma überqueren. | **Anfahrt** A 5, Abfahrt Rastatt, dann weiter über die B 462 bis Gaggenau; Kurpark, Rotherma und auch die Markgraf-Wilhelm-Wege liegen in Fahrtrichtung rechts der Bundesstraße. Parkplätze gibt es bei den Sportplätzen und dem Rothermabad. | **Tipp** Im Kurpark ist das Trinkbecken der Elisabethenquelle zu besichtigen. Zudem lohnt ein Besuch des Unimog-Museums in Gaggenau: Hier gibt es nicht nur Unimogs aus den letzten Jahrzehnten zu sehen, auf einem speziell angelegten Parcours direkt beim Museum ist es sogar möglich, mitzufahren oder ein Fahrertraining zu absolvieren (www.unimog-museum.com).

48_ Der Grafensprung

Sprang er wirklich?

Glaubt man der Sage, sind an dem Felsen über der Murg bei Gernsbach traurig-schaurige Dinge passiert. Die eine Version erzählt von der abenteuerlichen Flucht des Grafen Wolf von Eberstein vor seinen Belagerern durch einen beherzten Sprung, die andere Version ist Teil einer unglücklichen Liebesgeschichte. Hier wurde der nicht gewünschte Schwiegersohn auf eine Mutprobe gestellt: Er sollte die Felswand an der Murg hinabreiten. Diese Aufgabe konnte er nicht erfüllen und ertrank samt Ross im wilden Gewässer der Murg.

In der Tat gewinnt die Murg oberhalb von Gernsbach immer mehr den Charakter eines Gebirgsbaches. Steil abfallende Granitfelsen wie der Grafensprungfels mit seinem Schloss Eberstein und klammartige Abschnitte kennzeichnen den Teil des Schwarzwaldflüsschens von Gernsbach flussaufwärts bis nach Schönmünzach. Eng ist das Tal, felsig und tief in den Forbachgranit eingeschnitten, ein Kerbtal mit schluchtartigen Abschnitten, wo wilde Wasser sich ihren Weg suchen. Wenn im Frühjahr auf den Schwarzwaldhöhen der Schnee schmilzt, wird die Murg hier zum Wildwasser und entfaltet nahezu beängstigende Kräfte. Das Wasser schäumt, tost und tobt wie in einem Hexenkessel. Über dem engen Tal ziehen Wanderfalken ihre Kreise. Faszinierend ist deren Jagdverhalten. Zunächst kreisen sie in großer Höhe, um dann blitzschnell im Sturzflug das Beutetier zu ergreifen.

An den dicht bewaldeten Steilhängen sind durch Erosionsvorgänge zahlreiche Felsen freigelegt worden, die wichtige Lebensräume für spezialisierte Insekten und für Felsenbrüter bilden. Auch Kletterer haben die Felsen entdeckt. Am Grafensprung darf mit Genehmigung geklettert werden. Bei den Wildwasserspezialisten hat sich schon mancher gewundert, wie viel Kraft die Murg an dieser Stelle hat. Diese Kraft nutzten die Flößer in früherer Zeit aus, um das Holz aus den Höhenlagen des Schwarzwaldes herunterzubringen.

Adresse bei 76593 Gernsbach | **ÖPNV** Mit der S 31 oder S 41 von Karlsruhe über Rastatt, Gernsbach nach Obertsrot (S-Bahn-Halt). | **Anfahrt** A 5, Abfahrt Rastatt, dann weiter über die B 462 bis Gernsbach und weiter nach Obertsrot. Die Straße »Am Schlossberg« führt bergauf, bis rechts am Brunnen der Husteinweg beginnt. Der Ausschilderung »Waldlehrpfad« bis zum Grafensprungpavillon folgen. | **Tipp** Unterhalb von Schloss Eberstein befinden sich Reste von Weinbergen, welche noch im 19. Jahrhundert im Murgtal weit verbreitet waren. In der hauseigenen Vinothek von Schloss Eberstein kann man die Weine verkosten (www.weingut-schloss-eberstein.de).

49__ Der Hohlohsee

Die große Stille

Mit Schauer übers Moor gehen, wie einst im Gedicht von Annette von Droste-Hülshoff beschrieben, muss heute niemand mehr. Es herrscht eher ein Staunen über die urtümliche und zugleich faszinierende Moorlandschaft mit fleischfressenden Pflanzen und anderen Raritäten vor.

So ist es auch am Hohlohsee auf dem Kaltenbronn, dem Hochmoorplateau zwischen Enz- und Murgtal. Vor mehr als 200 Jahren war dieses Gebiet bevorzugtes Jagdgebiet der prominenten Gesellschaft. Ob Könige, Politiker oder Vertreter aus Militär und Wirtschaft, alle gaben sich einst auf dem Kaltenbronn ein Stelldichein. Dies ist umso erstaunlicher, da durch Übernutzung und Waldbrände im 18. Jahrhundert etwa 80 Prozent der Flächen waldfrei waren. Besonders die Auerhuhnjagd hatte es den Herren angetan. Heute stehen die Hochmoorflächen mit ihren Seen unter Naturschutz und dürfen nur über die ausgewiesenen Bohlenwege begangen werden. Die Menschen erfreuen sich an der urtümlichen Hochmoorlandschaft mit ihren weiten, waldfreien Flächen, den Moorseen umgrenzt von Moorbirken und Legföhren. Sie sind glücklich, wenn sie zwischen den Heidelbeer-, Moosbeeren- und Rauschbeerenbüschen ein Auerhuhn erspähen.

Wer nicht genug Geduld aufbringt, die seltenen tierischen Moorbewohner aufzuspüren, sollte sich mit der Pflanzenwelt beschäftigen. Scheidiges Wollgras, Rundblättriger Sonnentau, Fettkraut, Fieberklee oder Rosmarinheide sind typische Pflanzen des Hochmoores. Das Scheidige Wollgras ist neben den Moosen so etwas wie die Charakterpflanze der Moore und wichtiger Bestandteil der Torfbildung. Bei Moorrenaturierungen tritt Wollgras oft als Erstbesiedler auf. Die aufrechten Halme mit ihren wollweißen Fruchthaaren sind leicht zu erkennen. In der Volksmedizin wurden diese Fruchthaare in früherer Zeit als Wundwatte verwendet. Auch Lampendochte wurden aus ihnen gedreht, und anstelle von Federn füllte man Kissen damit.

Adresse bei 76593 Gernsbach | **ÖPNV** Ab Gernsbach Bahnhof mit Buslinie 242 bis Parkplatz Kaltenbronn Schwarzmiss. | **Anfahrt** B 462, zwischen Hilpertsau und Weisenbach Richtung Kaltenbronn auf die L 76b abbiegen, bis zum Parkplatz Schwarzmiss. | **Tipp** Bei gutem Wetter wird man auf dem Hohlohturm (984 Meter ü. d. M.) mit einer phantastischen Aussicht belohnt. Ein herrlicher Panoramablick über den Nordschwarzwald, ins Murgtal und ins Rheintal (täglich geöffnet).

50__Die Lautenfelsen

Nichts als Steine?

Mächtige Felsmassive begleiten die Murg insbesondere im Mittleren Murgtal. Fast alle haben klangvolle Namen, und von jedem Felskopf aus hat man grandiose Aussichten ins Murgtal und weit darüber hinaus. Schon alleine die steilen Felstürme, Felsrippen und -wände sind ein grandioser Anblick, wie aufeinandergeschichtete große Steinpakete sehen sie aus – das typische Erscheinungsbild der Wollsackverwitterung im Granit (s. Seite 90). Sie trotzten jeder Bewaldung.

Die Felsen als Urlandschaften haben ihren Reiz bis heute nicht eingebüßt. Im Gegenteil, viele wollen sie bezwingen, was der Natur aber gar nicht guttut. So hat man in den 1980er Jahren Tabuzonen für die Felsen im Land festgelegt und solche Bereiche definiert, an denen Kletterer ihre Künste üben können. Die Lautenfelsen und 50 Hektar des umgebenden Waldes wurden 1991 unter Naturschutz gestellt. Die Felsgruppe um den Großen und Kleinen Lautenfelsen sowie den Lochfelsen bildet den imposanten Mittelpunkt. Stolz ragt sie südöstlich von Gernsbach am Ortsrand von Lautenbach aus dem Bergwald empor. Artenvielfalt mit grandiosem Ausblick könnte man es nennen, wenn man über den etwa drei Kilometer langen Rundweg den Aufstieg geschafft hat. Und gelernt hat man auch etwas, denn mehrere Tafeln informieren über die Besonderheiten des Gebietes.

Manche der Felswände sind schwefelgelb. Das hängt mit den Krusten- und Rentierflechten zusammen, die quasi am Fels »kleben«. Insbesondere wärmeliebende Arten wie Eidechsen oder Steppengrashüpfer kann man mit etwas Glück beim Sonnenbaden beobachten. Und wenn ein großer schwarzer Vogel am Himmel seine Kreise zieht, könnte das ein Kolkrabe sein, der größte Singvogel der Welt. Auch der Wanderfalke ist an diesen Felsen zu Hause. Er ist Deutschlands größter Falke. Da er seine Beute, die meist aus kleineren Vögeln besteht, während des Fluges jagt, ist es durchaus möglich, ihn dabei zu sehen.

Adresse 76593 Gernsbach–Lautenbach | **Anfahrt** A 5, Ausfahrt Rastatt, weiter auf der B 462 bis Gernsbach und durch den Tunnel, anschließend links Richtung Lautenbach; in den Ort einfahren, 5. Straße rechts in den Lautenfelsenweg und gleich wieder links der Steintalstraße in den Heinrich-Lücker-Weg bis zum Parkplatz in der Haarnadelkurve folgen. | **Tipp** Im Rahmen eines Stadtrundgangs ist die wunderschöne Altstadt von Gernsbach zu entdecken. Besonders imposant sind das Alte Rathaus, die Stadtmauer und viele andere historische Gebäude und Plätze. Lernen Sie auch den Katz'schen Garten oder das Schloss Eberstein kennen.

51 Die Gletschertöpfe

Architektur des Eises

Krai-Woog-Gumpen heißen die beiden mächtigen Kessel im Schwarzenbachtal unterhalb der Schwarzen Säge. Es sind zwei kreisrunde Steinkolke mit jeweils einem Durchmesser von rund drei Metern und einer Tiefe von über drei Metern. Nur 15 Zentimeter Stein trennen die beiden Kolke voneinander. In einem hat man außerdem einen großen Steinbrocken aus Albtalgranit gefunden. Das war wohl der Mahlstein.

Streng genommen handelt es sich bei den Steinkesseln um Gletschertöpfe, nicht um Gletschermühlen, denn so werden Hohlformen im Eis bezeichnet. Oft werden die Begriffe allerdings synonym verwendet, so auch hier. Entstanden sind die Gebilde durch das oberflächlich abfließende Schmelzwasser des Gletschers. Dieses fließt mit hoher Geschwindigkeit und sprudelt und tost durch die Gletscherspalten hinab. Mit dabei immer eine ganze Reihe an Felsbrocken, Geröllen, Steinen und Kiesen unterschiedlichster Größe. Mit dem schnellen Wasser und dem großen Druck des Eises geraten sie in eine kreisförmige Strudelbewegung. Zunächst entsteht im Eis eine spiralförmige Hohlform, dann wird der felsige Untergrund noch mit verformt. Wenn das Eis abschmilzt, bleiben der Gletschertopf und seine Mahlsteine als Hohlform zurück – ein Zeugnis für die ungeheure Erosionskraft des Eises. So könnte es auch hier gewesen sein. Dann wären die Kolke ein Geschenk der Eiszeit.

Doch die Gelehrten sind sich nicht sicher, ob die Entstehung nicht nacheiszeitlicher Natur ist. Es wäre nämlich auch möglich, dass das herabstürzende Wasser des Wasserfalls einen eingeklemmten Stein so lange angestoßen hat, bis diese Form entstanden ist. Sei's drum. Fakt ist, dass die Natur hier einen besonderen geologischen Schatz hinterlassen hat. Mit viel Getöse stürzt das Wasser noch immer herunter und arbeitet weiter. Heute sind die Krai-Woog-Gumpen im Hotzenwald, dem südlichsten Teil des Schwarzwaldes, als Naturdenkmal ausgewiesen.

Adresse bei 79733 Görwihl | **Anfahrt** Über die A 5 Ausfahrt Freiburg-Mitte, weiter über Kirchzarten, Todtnau und Todtmoos bis Görwihl, auf der L 153 Richtung OT Hartschwand bis zur Grillhütte Sägmoos. Wer nicht laufen mag, fährt auf der K 6591 bis zum Parkplatz Schwarze Säge. Von dort aus ist das Naturdenkmal ausgeschildert. | **Tipp** Der Ausflug zu den Gletschertöpfen lässt sich sehr gut mit einer Rundwanderung verbinden: Von der Grillhütte Sägmoos geht's durch den Ort Hartschwand, vorbei an der Burger Säge durch das Schwarzenbachtal bis zu den Gletschertöpfen. Der Rückweg führt über die Schwarze Säge, Allenschwend und Igelacker zurück zur Grillhütte Sägmoos.

52___Die Danielstanne

Älteste im Südschwarzwald

Diese fast 400-jährige Weißtanne (wissenschaftlich Abies alba) ist am Hochtannenweg im Naturschutzgebiet Schlüchtsee bei Grafenhausen zu bewundern. Stolz steht sie da mit ihren 43 Metern Höhe, einem Durchmesser von 1,71 Metern und einem Umfang in Brusthöhe von stattlichen 5,30 Metern. Dieser kleine Steckbrief ist auch auf einer Holztafel – wenige Meter vom Baum entfernt – festgehalten. Ihren Namen erhielt sie vom ehemaligen Revierförster Hartmut Frank, der seinen »Schützling« über Jahrzehnte begleitete und auch heute noch regelmäßig nach ihm schaut. Laut Angaben dieses versierten Baumdoktors könnte die Danielstanne noch gute 100 Jahre älter werden, denn sie ist noch ein sehr vitaler Baum. Das »Monschtrum« – wie die Förster sie nennen – ist absolut gesund, keine Pilze, keine Fäule und keine Spechtlöcher (Spechte bauen nicht im gesunden Holz). Doch mit Sicherheit kann man die Lebensdauer nicht vorhersagen. Den Sturm Lothar an Weihnachten 1999 hat der Baum immerhin überlebt, doch Naturkatastrophen wie etwa Blitzschlag sind nie auszuschließen. Die größere Gefahr droht älteren Bäumen aber fast immer durch die Säge. Doch im Naturschutzgebiet ist das verboten.

»Daniel« heißt das hiesige Gewann und passt somit zum Baum. In der Bibel heißt Daniel aber auch »Gott ist mächtig«, und in der Tat spürt man an so einem Baum die göttliche Macht der Natur! Sich an seinen Stamm lehnen und ganz nach oben schauen, ist ein unbeschreibliches Gefühl – plötzlich wird man eins mit der Natur.

Gepflanzt hat die Danielstanne sicherlich niemand, sie wurde von der Natur gesät, und irgendwann holt die Natur sie sich wieder zurück. Besser kann man den Kreislauf des Lebens wohl kaum erfassen. Schon bei den Germanen war die immergrüne Weißtanne ein Symbol ewiger Lebenskraft und unerschöpflicher Fruchtbarkeit. Tannenzweige – ausgelegt zur Wintersonnenwende – sollten dies verdeutlichen.

Adresse 79865 Grafenhausen | **ÖPNV** Von Seebrugg Bahnhof mit dem SBG-Bus Richtung Waldshut Busbahnhof, aussteigen in Bolisch / Grafenhausen. Von dort über das Schlüchtseesträßle bis zum Schlüchtseebad und weiter durch den Wald wandern (circa 5 Kilometer). | **Anfahrt** Über die A 81 bis zur Ausfahrt Donaueschingen, weiter auf der A 864, auf der B 27 Richtung Blumberg bis Behla, auf der L 170 über Bonndorf und Ebnet bis zum Kreisverkehr, auf der L 157 (Rothauser Straße) bis Grafenhausen. Von dort bis zum Parkplatz Schlüchtseebad fahren. Über den Staatsschulweg und den Hochtannenweg gelangt man zur Danielstanne (circa 2 Kilometer). | **Tipp** Wer dem Kultbier »Tannenzäpfle« auf die Spur kommen will, macht einen Abstecher zur Rothausbrauerei, der höchstgelegenen Brauerei Deutschlands (Anmeldung unter www.rothaus.de).

53___Die Hauensteiner Murg
Wildnis und Romantik pur

Unterschiedlicher und gegensätzlicher könnten die Landschaften im Murgtal nicht sein: pure Wildnis der Moore und Bergwälder, offen durch jahrhundertealte Kultur geprägte Tallandschaften mit bunten Blumenwiesen und dann wieder tief eingeschnittene Schluchten mit warmen, sonnigen Terrassen. Botanisch gesehen vermittelt das Tal zwischen Skandinavien und dem Tessin.

Auf einer Länge von 18 Kilometern überwindet das Flüsschen Murg einen Höhenunterschied von 670 Metern. Dementsprechend eng und steil präsentiert sich das wildromantische Tal, in dem sie das Hauensteiner Land von Nord nach Süd durchfließt. Besser bekannt ist dieser südlichste Zipfel des Schwarzwaldes unter dem Namen Hotzenwald. Wanderungen sind hier ein einzigartiger Naturgenuss. Vor allem der Feuchtwiesenkomplex im oberen Murgtal bietet heute botanische Kostbarkeiten der besonderen Art, die andernorts selten geworden sind. Hervorgegangen sind diese Feuchtwiesen aus ehemaligen Wässerwiesen: Mit Hilfe eines ausgeklügelten Bewässerungssystems verteilte man über Kanäle Wasser und somit Nährstoffe auf dem Grünland, um die kargen Erträge zu steigern. Noch heute sind die Hauptwuhren, also die künstlichen Wasserläufe, wie etwa das Hänner Wuhr bei Hottingen-Giegel, zu sehen. Mit den Kunstdüngern verfielen ab etwa 1930 die meisten dieser Kanäle. Zudem zog sich die Grünlandwirtschaft in flachere Bereiche zurück.

Während die Wässerwiesen als landschaftshistorische Elemente der Vergangenheit angehören, erobert sich die Natur die feuchten Quellhänge und nassen Talsümpfe auf ihre Weise zurück. Selten gewordene Pflanzen wie Kälberkropf und Eisenfußblättriger Hahnenfuß, typische Pflanzen der Quellstaudenfluren, sind nun hier anzutreffen. Auch Teppiche von Schwimmblattpflanzen mit verschiedenen Laichkräutern und Wasserhahnenfuß in der Murg und ihren Zuflüssen und vieles mehr begeistern nicht nur Hobbybotaniker.

Adresse bei 79737 Herrischried | **ÖPNV** Mit dem Bus von Bad Säckingen nach Herrischried (7328) bis »Steinernes Kreuz« in Herrischried. | **Anfahrt** Von Bad Säckingen auf der romantischen Landstraße (K 6587) über Rickenbach bis Herrischried. Parken kann man am Wanderheim / Naturfreundehaus Lochhäuser. Von dort sind es etwa 600 Meter bis zur Murgquelle, wo der Murgtalpfad beginnt und auf der ersten Etappe durch die Feuchtwiesen der Hauensteiner Murg führt. | **Tipp** 55 Stationen zur Hotzenwaldlandschaft, ihrer Natur, Geschichte und Kultur beschreibt der Murgtalpfad von den Quellen bis zur Mündung in den Rhein (www.murgtalpfad.de).

54__Das Hinterzartener Moor

Hochmoorerlebnis mit Bahnanschluss

Kaum zu glauben, dass Moore wie das Hinterzartener Moor 10.000 Jahre Vegetations- und Klimageschichte archiviert haben. Konservierte Blütenpollen geben Wissenschaftlern Aufschluss über die Vegetation zu ihrer Entstehungszeit und damit auch über frühere klimatische Verhältnisse. Doch das ist etwas für Spezialisten. Die meisten Besucher erfreuen sich eher an der einzigartigen Landschaft.

Dies ist der größte noch erhaltene Moorkomplex des Schwarzwaldes – mit Nieder-, Übergangs- und Hochmooren auf etwa 100 Hektar Fläche mit einer ganz speziellen Flora und Fauna: Hochmoorgelbling, Hochmoorperlmuttfalter, Alpensmaragdlibelle oder Moosbeerenbläuling sind nur einige der Tierarten, die vorkommen. Dabei ist eine große Abhängigkeit zwischen Tieren und den Pflanzen zu beobachten. Der Hochmoorperlmuttfalter zum Beispiel lebt im Randbereich des Moores und besucht dort die Blüten der Streuwiesen. Seine Raupen dagegen brauchen Moosbeeren als Fresspflanzen. Diese wachsen aber mitten im Moor. Die Raupen des Hochmoorgelblings fressen ausschließlich Rauschbeeren, die im Randbereich naturnaher Hochmoore wachsen.

Einerseits sind die engen ökologischen Zusammenhänge faszinierend, andererseits ist es aber auch erschreckend, wie stark die Gefährdung solcher Arten ist, wenn ihr Lebensraum zerstört wird. Naturwunder und Naturzerstörung liegen eng beieinander. Sich an den Tieren und Pflanzen und ihrem ganz speziellen Lebensraum erfreuen, ohne die fragile Lebenswelt zu zerstören, kann man auf einem Bohlenrundweg, der gleich am Hinterzartener Bahnhof beginnt. Moorkiefern, Torfmoose und Rosmarinheide sind nur einige Pflanzen, an denen man vorbeikommt. Rauschbeeren werden leicht mit Heidelbeeren verwechselt, haben aber weißliches Fruchtfleisch. Die Früchte der Moosbeeren sind jedoch knallrot. Beide Früchte sind zwar essbar, dürfen aber im Naturschutzgebiet nicht gepflückt werden.

Adresse 79856 Hinterzarten | **ÖPNV** Von Freiburg aus mit der Höllentalbahn bis Bahnhof Hinterzarten. | **Anfahrt** Über die B 31 von Freiburg nach Hinterzarten; Parkmöglichkeiten am Bahnhof. Etwa 400 Meter östlich des Bahnhofs beginnt ein Rundweg durchs Moor. | **Tipp** Im über 300 Jahre alten Hugenhof ist die Geschichte des Skilaufs seit den Anfängen im Schwarzwald um 1890 am Feldberg und seiner Verbreitung in die europäischen Mittelgebirge ausgestellt (Kontakt über Schwarzwälder Skimuseum, Erlenbrucker Straße 35, Tel. 07652/982192).

55__Das NSG Bisten

Ursprünglich Gletschermulde, heute Pflanzenparadies

Es ist fast wie eine Zeitreise: Im heutigen Schwarzwald begegnet man auf Schritt und Tritt eiszeitlichen Formen. Große Teile des Schwarzwaldes lagen einst unter einem Eispanzer, der die Landschaft formte. Im heutigen Naturschutzgebiet Bisten bei Hinterzarten hinterließ der Gletscher eine große Mulde. Das Eis soll zum großen Bärentalgletscher gehört haben, der sich bis zur heutigen Straße nach Alpersbach zog. Nach dem Schmelzen des Eises eroberte der Wald die Hänge. Faszinierende Buchen-Tannenwälder haben sich hier entwickelt.

Doch das eigentliche Naturwunder vollzieht sich in der Talsohle. Ein vielfältiges Mosaik verschiedener Grünland- und Niedermoorgesellschaften präsentiert sich den Besuchern. Bergwiesen mit weißen Narzissen und der überaus seltenen Kugelorchis! Goldhaferwiesen mit Rispengräsern, Frauenmantel, Scharfem Hahnenfuß, Wiesenklee, Spitzwegerich, Wiesenknöterich, Bärwurz, Gefleckltem Knabenkraut, Wiesenglockenblume und Wiesensauerampfer verzaubern im Sommer durch ein buntes Blütenpotpourri. Denn solche Wiesen zeigen noch eine für heutige Zeiten ungewöhnliche Artenfülle. Spontan möchte man sich da ein Sträußchen zusammenstellen. Aber auch hier gilt: Pflücken verboten, denn die Wiesenblumen im Naturschutzgebiet sind geschützt. Aus den Pflanzen der Bergwiesen aus der Umgebung wird Heu gemacht: Der Duft der Wiesenkräuter und später der Duft des Heus sind wie ein Wiesenwunder.

Damit ist es nicht erstaunlich, dass das Fleisch von Rindern, die mit solch vielfältigen Arten gefüttert werden, und die Milch der Kühe eine ganz besondere Qualität haben. Nach der Heumilch fragen gesundheitsbewusste Verbraucher. Einige Molkereien haben sie auch schon als Marketinginstrument erkannt. Heumilch hat einen höheren Gehalt an Omega-3-Fettsäuren, was auf das artenreiche Futter zurückzuführen ist. Sie erzielt aber auch einen höheren Preis, was den Landwirten zugutekommt.

Adresse bei 79856 Hinterzarten–Alpersbach | **ÖPNV** Von Freiburg (Breisgau) Hauptbahnhof mit der RB Richtung Neustadt Bahnhof, aussteigen in Hinterzarten, weiter mit dem Rufbus bis Windeck. | **Anfahrt** A 5 bis Ausfahrt Freiburg-Mitte, weiter auf der B 31 bis Hinterzarten, dann Richtung Alpersbach bis kurz nach Windeck; dort liegt das Naturschutzgebiet Bisten auf der rechten Seite der Straße. | **Tipp** Ein Besuch der Oehlermühle in Schildwende, einem kleinen Seitental von Titisee-Neustadt, ist zu empfehlen. Mit viel ehrenamtlicher Arbeit wurde die Mühle renoviert und vor dem Verfall gerettet (nur gegen Voranmeldung zu besichtigen, Tel. 07651/5483).

56__Die Bruderhöhle
Klause in bunter Höhle

Höhlen vermutet man eher in kalkigem Gestein. Doch die Bruderhöhle bei Calw nördlich des Klosters Hirsau liegt im Mittleren Buntsandstein, der rötlichen Gesteinsschicht, die im Nordschwarzwald vorherrscht. Sie ist zwölf Meter lang und etwa drei Meter hoch. Entstanden ist sie durch die unterschiedliche Verwitterungsneigung des Sandsteins, Fachleute sprechen von Wabenverwitterung oder im Englischen »honeycomb weathering«. Doch mit Bienen hat das gar nichts zu tun. Zu Wabenverwitterung kommt es, wenn das Bindemittel – nämlich Kalk oder Kieselsäure, die die einzelnen Sandkörner zusammenkitten – nicht gleichmäßig verteilt ist. Dadurch entstehen faszinierende wabenartige Strukturen im Fels. Neben der Bruderhöhle befinden sich noch eine ganze Reihe ähnlicher Sandsteinfelsen im steilen Hang.

Bekannt ist die Höhle wohl schon seit 1480; einst diente sie einem Einsiedlermönch als Unterkunft. Eine massive Steinbank und ein Kamin im hinteren Höhlenbereich sind Hinweise auf die Höhlenwohnung. Außerdem war sie – wie übrigens viele andere Höhlen auch – immer wieder Treffpunkt für heimliche Liebschaften. So spielt die Bruderhöhle etwa in dem Roman von Auguste Supper »Der Mönch von Hirsau« eine Rolle. Ein Bruder namens Simon, der wohl in der Höhle gelebt hat, stellte seine Unterkunft den Verliebten – einem Grafen und der Schwester eines Calwer Kaufmannes – als Liebesnest zur Verfügung. Im Roman heißt es weiter: »Farn- und Brombeerranken sollen genickt und in den Wipfeln soll es gerauscht haben wie alte Mären.«

Ob Legende oder Wahrheit, die Bruderhöhle ist auf jeden Fall ein lauschiges Plätzchen – nicht nur für Verliebte. Auch Künstler lockte sie bereits an. So befand sich am Höhleneingang ein Sepia-Aquarell von August Seyffer aus dem Jahre 1815, der sich unter anderem Sehenswürdigkeiten der Natur als Motive der Darstellung aussuchte. Leider ist es kaum mehr erkennbar.

Adresse 75365 Hirsau | **ÖPNV** Von Hirsau Bahnhof zu Fuß circa 600 Meter zum Kloster. | **Anfahrt** B 295 nach Calw, weiter auf der B 296 nach Hirsau bis zum Kloster, gegenüber parken. Vom Parkplatz gegenüber dem Kloster Hirsau (Richtung Bad-Wildbad) geht man rund 50 Meter bergauf und biegt rechts in die Brudersteige ein. Nach den letzten Häusern biegt man rechts in den Wald ab, über die »Brudersteige« geht es circa 1 Kilometer bergauf. Kurz bevor man die Hochfläche im Wald erreicht, geht ein schmaler Pfad rechts bergab (leider nicht gekennzeichnet). Über Treppen gelangt man zur Bruderhöhle und den anderen Felsen. | **Tipp** In Hirsau empfiehlt sich ein Besuch des Klosterkomplexes St. Peter und Paul (frei zugänglich) sowie das Klostermuseum in der Calwer Straße 6 (geöffnet April–Okt. Di–Fr 13–16 Uhr, Sa und So 12–17 Uhr).

57__Die Hex vom Dasenstein

Ein besonderes Fleckchen Erde

Weinkenner wissen es längst. Die »Hex vom Dasenstein« ist eine Reblage in Kappelrodeck, die seit 1971 unter diesem Namen firmiert. Doch was steckt dahinter? Es ist eine Sage, die sich in den traumhaft schönen Weinbergen so zugetragen haben soll. Ein hübsches Burgfräulein verliebte sich in einen Bauernsohn. Der Burgherr von Schloss Rodeck duldete diese Liebe nicht und jagte die eigene Tochter hinab ins Tal. Ohne Haus und Grund wurde sie auch vom Bauernsohn verschmäht, und so hauste sie fortan in einer Höhle der Dasensteinfelsen. Rund um ihre Felsenhöhle pflanzte sie Wein. So manchen Streich soll sie den Leuten gespielt haben, und bald war sie die »Hex vom Dasenstein«. »Der hat ne Hex«, heißt es heute noch in der dortigen Gegend im doppeldeutigen Sinn, wenn einer zu tief ins Glas geguckt hat.

Hinter »Hex von Dasenstein« steckt aber auch ein besonderes Terroir. Es sind die tiefgründigen Granitverwitterungsböden und die hohen Niederschläge (im Jahresmittel bis zu 1100 Millimeter pro Quadratmeter), die auf dieser und den anderen Weinlagen im Achertal große Burgunderweine gedeihen lassen. Doch was ist das Besondere an diesen Böden? Da muss man ein bisschen in die Geologie eintauchen. Die Felsgruppe des Dasenstein besteht aus Oberkirchgranit, der von Feldspatkristallen durchzogen ist. Durch das sogenannte Absanden entstand feldspatreicher Granitgrus, die Grundlage der dortigen Böden. Das bedeutet nichts anderes als den Zerfall körniger Gesteine zu Schutt von Feinkiesgröße durch physikalische Verwitterung. Es ist aber auch die Gesamtlage mit der Felsgruppe und der sie umgebenden Natur, die den besonderen Standort ausmacht.

Charakter, Eigenheit und Wert dieses Terroirs kann man auf einem geruhsamen Rundweg bei Kappelrodeck erkunden. Er führt vom Marktplatz aus durch die Weinberge zum Dasenstein. Die Felsgruppe selbst ist durch Treppen und Pfade erschlossen.

Hex vom Dasenstein

Adresse Burgunderplatz 1, 77876 Kappelrodeck | **ÖPNV** Achern (Bahnhof) mit SWEG-Zug nach Kappelrodeck (Bahnhof). | **Anfahrt** A 5 bis Ausfahrt Achern, Landstraße L 87 bis Kappelrodeck; der Winzerkeller »Hex von Dasenstein« ist am Burgunderplatz 1; die Reblage »Dasenstein« erreicht man über die Ibergstraße und den Besenstiel. Dort startet der Weinlehrpfad, der auch in das Gebiet Dasenstein führt. | **Tipp** Wein und Natur, verpackt in Hexengeschichten, könnte man das Angebot nennen, das auf einer »sagenhafte Wanderung« vermittelt wird (www.sagenhafte-wanderung.de).

58__Der Hirschsprung

Gewagt ist gewagt

Einer mittelalterlichen Sage nach soll an dieser Stelle ein Hirsch mit einem gewaltigen Sprung über die Engstelle des Höllentals, von Todesangst getrieben, einem Jäger entkommen sein. Damals war diese Stelle noch eine enge Klamm von etwa neun Metern Breite, und es könnte durchaus so gewesen sein. Denn Hirsche können bis zu zehn Meter weit springen. Um das Höllental verkehrstauglicher zu machen, wurden an dieser Engstelle einige Felssprengungen vorgenommen. Die relative Weite von heute gut 50 Metern ist also vom Menschen gemacht. In Erinnerung an den Hirschsprung stellte die Gemeinde Falkenberg einen hölzernen Hirsch auf, der über die Jahre aus den verschiedensten Gründen immer wieder ausgetauscht wurde. Dann wurde daraus ein bronzener Hirsch, den Witzbolde einmal mit Flügeln versehen haben. Heute ziert ein weißer Hirsch den Felsvorsprung.

Das Denkmal erinnert nicht nur an den sagenhaften Sprung über die Klamm, sondern ist auch Sinnbild für den Rothirsch, der im Südschwarzwald an einigen Stellen vorkommt. Es ist ein beliebtes Fotomotiv und gehört zum Schwarzwald wie Kirschtorte und Bollenhut.

Der Hirsch ist aber auch Wappentier im Landeswappen von Baden-Württemberg. Er repräsentiert den württembergischen Landesteil, der ihm im Wappen gegenüberstehende Greif repräsentiert den badischen. Somit sind die beiden symbolisch auch die Hüter des Landes. Das ist keine Sage, sondern so im »Gesetz des Wappens des Landes Baden-Württemberg«, das am 3. Mai 1954 im Landtag verabschiedet wurde, festgeschrieben. Hinzu kommt der goldene Schild mit den drei Löwen, die an das staufische Herzogtum Schwaben erinnern. Bekrönt wird der Schild von sechs historischen Plaketten, welche die wichtigsten südwestdeutschen Territorien (Franken, Hohenzollern, Baden, Württemberg, Kurpfalz und Vorderösterreich) darstellen. Ein schönes Landeswappen.

Adresse bei 79199 Kirchzarten | **ÖPNV** Mit der Höllentalbahn von Freiburg bis zum Bahnhof Hinterzarten fahren und den Hirsch vom Zug aus sehen. Einen Wanderweg zum Hirschsprung gibt es nicht mehr. | **Anfahrt** Auf der B 31 durch das Höllental Richtung Donaueschingen bis zum Parkplatz »Hirschsprung« unterhalb des Felsens fahren. Dort parken. Es ist die einzige Stelle, wenn man mit dem Auto unterwegs ist. | **Tipp** Im Frühjahr sieht man in der steilen Wand unterhalb des Hirschdenkmals die seltene goldgelbe Alpen-Aurikel.

59_ Das Höllental

Wilde Schlucht und ungezähmte Verkehrsader

Hochwasser, Räuberbanden und herabstürzende Felsbrocken bedrohten die Menschen, die in früherer Zeit durchs Höllental zogen. Kein Wunder, war der Fußweg doch oft sehr schmal. 1770 allerdings wurde die Schlucht zum befahrbaren Weg ausgebaut. Grund war der Brautzug von Erzherzogin Maria Antonia, der späteren Marie Antoinette, deren Tross mit mehr als 50 Wagen von Wien nach Frankreich zog. Heute verläuft auf dieser Strecke – vielfach durch Tunnel und Verbauungen gegen Steinschlag geschützt – die Höllentalbahn und im Talgrund die B 31, auf der sich an die 17.000 Fahrzeuge täglich durch die Enge zwängen. Fürchten muss man sich nicht mehr vor Räuberbanden und Überfällen, sondern vor der Verkehrsschlange.

Ein Kampf ganz anderer Art fand über Jahrmillionen statt: der Kampf um die europäische Wasserscheide. Vor etwa 60 Millionen Jahren spannte sich eine Landfläche von den heutigen Vogesen über das Rheintal und den Schwarzwald hinweg. Etwa 20 Millionen Jahre später begann sich der Oberrheingraben abzusenken. Gleichzeitig hoben sich Vogesen und Schwarzwald, und die emporgehobene Schwarzwaldscholle kippte in Richtung Südosten. So entstand im Westen zum Rheintal hin eine steile Abbruchkante mit einem Höhenunterschied von etwa 1.300 Metern.

Keine Frage, dass Flüsse, die auf so kurzer Distanz einen so großen Höhenunterschied überwanden, eine große Erosionskraft besaßen. Die Folge waren steile, tiefe meist v-förmige Täler, die sich immer weiter gegen Osten in die sanft zur Donau abfallende Landschaft hineinfraßen und die zur Donau fließenden Bäche umlenkten. Beispielhaft geschah dies im oberen Höllental: Durch rückschreitende Erosion »schneidet« der Höllenbach verschiedene Bäche an und leitet ihr Wasser um in Richtung Rhein, weil dorthin das Gefälle größer ist. Das ist auch der Grund für die Entstehung des tief eingeschnittenen Höllentals.

Adresse bei 79199 Kirchzarten | **ÖPNV** Mit der RB 26935 (Höllentalbahn) Richtung Neustadt (Bahnhof) bis Hinterzarten fahren und das Tal vom Zug aus genießen. Es ist eine der schönsten Bahnstrecken Deutschlands. | **Anfahrt** Auf der B 31 von Freiburg Richtung Hinterzarten gelangt man ins Höllental. Entlang der B 31 gibt es mehrere Aussichtspunkte und Parkplätze, die man ansteuern kann. | **Tipp** Beim Hinweisschild »Oswaldkapelle« die B 31 verlassen und die älteste noch erhaltene Pfarrkirche des Schwarzwaldes anschauen, unter dem riesigen Ravennaviadukt der Eisenbahn stehen und im Gasthaus Sternen das Schwarzwälder Vesper genießen – das schafft nachhaltige Eindrücke dieser Landschaft.

60 Das Kleine Wiesental

Kleine heile Welt ganz groß

»Durchs Wiesatal gang i jetzt na, brech lauter Badenka mir a. Badenka muß i brecha, schönes Sträußele draus flechta …« , so beginnt die erste Strophe eines bekannten Volksliedes, das bei den Gesangvereinen – nicht nur im Wiesental – zum Repertoire gehört. Natur, die in Liedern vertont wird, muss einfach schön sein. Und so ist es auch im Kleinen Wiesental. Herrlich gelb blühen die Badenka, das schwäbische Wort für Schlüsselblumen, auf den dortigen Wiesen im Frühling. Dottergelbe Trollblumen, roter Wiesenklee und viele andere bunte Blumen ergänzen das Blütenmeer.

Das Tal hat seinen Namen vom Flüsschen »Kleine Wiese«. Der Begriff kommt aus dem Keltischen und bedeutet so viel wie »die sich Windende«, meint also einen natürlich mäandernden Bachlauf. Das Kleine Wiesental ist ein gar nicht so kleines Wiesenwunder und zählt zu den reizvollsten Landschaften des Südschwarzwaldes. Reich gegliedert präsentiert die Berg- und Tallandschaft einen harmonischen Wechsel von Wäldern, Wiesen und Feldern. Eine ideale Erholungslandschaft und ein echter Geheimtipp! Hier geht's entlang blumenbunter Wiesen und Weiden, auf denen noch da und dort die Hinterwälder Rinder weiden. Dann durch Wälder, in denen noch Auerhühner leben, und auf Gipfel mit atemberaubender Fernsicht. Verkehrshektik und Lärm bleiben außen vor, hier im Kleinen Wiesental kann man die Seele baumeln lassen und das Naturwunder genießen.

Ob zu Fuß oder mit dem Fahrrad – es gibt viele Möglichkeiten, die intakte Kulturlandschaft zu erkunden und zu genießen. Genussreich sind aber auch die Einkehrmöglichkeiten: saisonale Küche mit frischen, heimischen Produkten wie Schwarzwälder Schinken und selbst gebackenem Bauernbrot, selbst gebackenen Kuchen und Destillaten aus der Hausbrennerei. Für Selbstversorger gibt's diese Produkte im Dorfladen »Kleines Wiesental«: »S'lädeli – weisch – do wo's wieder läbt im Dorf«, so die Einheimischen.

Adresse 79692 Kleines Wiesental–Neuenweg | **ÖPNV** Der Wanderbus startet morgens von Schopfheim und fährt durch das Tal etliche Dörfer ab; Endstation ist der Haldenhof in Hinterheubronn. Gegen Abend geht es in umgekehrter Reihenfolge zurück. | **Anfahrt** Über A 5 und A 98 bis Lörrach, B 317 bis Schopfheim und die L 139 nach Kleines Wiesental in den Ortsteil Neuenweg. | **Tipp** Eine besondere Art insbesondere für Familien mit Kindern, das Kleine Wiesental zu erleben, ist das Lamatrekking. Ausgangspunkt ist das Gästehaus Birkenhof im OT Neuenweg (www.gaestehaus-birkenhof.com).

61__Der Köhlgarten

Unbekanntes Bergmassiv im Südschwarzwald

Erst als das Schopfheimer Blatt »Die Heimat« und das Wieser Gemeindeblatt »Uese Haimetschi« seine Naturgedichte veröffentlichten, wurde man auf ihn aufmerksam: »Der dichtende Holzhauer vom Köhlgarten«, nannten sie ihn fortan. Gemeint ist der 1908 in Kühlenbronn im Kleinen Wiesental geborene Philipp Würger, der ein romantischer Naturlyriker war. In 36 Gedichten beschrieb er den heimatlichen Wald und die Jahreszeiten im Köhlgarten.

Und in der Tat, der Wald dort ist etwas Besonderes. Mit Buchen, Bergahornen und Tannen hat hier die Natur einen urwaldartigen Mischwald kreiert. Es ist eine Komposition in Grün, vom hellen Zartgrün bis zum satten Dunkelgrün reicht die Farbskala. Dies ist insbesondere an den durch Wege kaum erschlossenen Nordhängen des Köhlgartens so. Hohe Niederschläge mit mehr als 1.800 Millimetern im Jahr und eine geringe Sonneneinstrahlung ermöglichen üppiges Farnwachstum. Wobei es vollkommen unberührte Urwälder im Südschwarzwald schon lange nicht mehr gibt. Die letzten größeren, weitgehend naturbelassenen Waldgebiete wurden im Mittelalter besiedelt. In den verbliebenen Wäldern wurde Holz geschlagen, denn viele Menschen im Schwarzwald lebten und leben von und mit dem Holz. Ursprünglich war der schwarze Wald ein Mischwald aus Laubbäumen und Weißtannen – wie heute noch am Köhlgarten. Die Fichte kam natürlicherweise nur in den Höhenlagen vor. Später wurde sie im großen Stil angepflanzt.

Der Köhlgarten liegt in der Umgebung Müllheims, auf dem höchsten Gemarkungspunkt der Gemeinde mit 1.224 Meter Höhe. Vom Waldparkplatz Kreuzweg aus eröffnen sich mehrere gut beschilderte Wandermöglichkeiten zum Gipfel. Dort überrascht ein herrlicher Ausblick zum Belchen und anderen Gipfeln des Südschwarzwaldes. Auf dem Rückweg führt eine Strecke vorbei am Weiherfelsen, von dem man auf den idyllischen Nonnenmattweiher mit schwimmender Torfinsel blickt.

Adresse 79692 Kleines Wiesental–Neuenweg | **ÖPNV** SWG-Buslinie 111, Badenweiler-Haldenhof, Haltestelle Kreuzweg (verkehrt nur Anfang Mai–Ende Oktober). | **Anfahrt** A 5 bis Ausfahrt Neuenburg, weiter durch Müllheim, Oberweiler, Schweighof Richtung Schönau zum Bergpass Kreuzweg. Man findet auf der Passhöhe genügend Parkmöglichkeiten. | **Tipp** Nach so viel Naturerlebnis ist ein Besuch im Otto Erich Döbele Museum in der historischen Altstadt von Schopfheim einen gute Abwechslung (Hauptstraße 103, 79650 Schopfheim, Tel. 07622/3029, geöffnet Fr 16–19 Uhr, Sa 11–15 Uhr, So 10–13, www.foerderverein-doebele.de).

62__Der Nonnenmattweiher

Ein Kleinod, das geschützt werden möchte

Ein stiller Waldsee wie aus dem Bilderbuch: Ganz natürlich das Ufer mit schönem Baumbestand, Romantik pur! Es fehlt nur noch der Frosch, der sagt, dass er ein verwunschener Prinz sei. Die Kulisse des Karsees mit seinen im Halbkreis angeordneten Steilhängen und Felsen gehört zu einem besonders schön ausgeformten Gletscherkar. Doch was bedeutet der Name des Sees?

»Nunnen« oder auch »Nonnen« hießen früher in dieser Gegend die Kühe. »Matt« ist alemannisch und heißt so viel wie Wiese. Ganz anders erklärt die Legende die Herkunft des Namens. Sie erwähnt ein Nonnenkloster, das durch ein Gottesgericht im See versunken sein soll.

Der einstige Karsee war schon im Mittelalter verlandet, es entstand ein Moor, das als Weide genutzt wurde. Der heutige See entstand 1758 zur Forellen- und Karpfenzucht und als Wasservorrat für tiefer liegende Mühlen durch Aufstau des Weiherbaches. Gut gemeint ist aber nicht immer gut. Durch den Wasserstau lösten sich Moorpakete ab und schwimmen seither als Torfinsel im Weiher. Die Fischzucht währte nicht lange, da sich die Fische immer unter der Torfinsel versteckten. Diese entwickelte sich aber zu einem botanischen Highlight, weshalb der Nonnenmattweiher und seine Umgebung 1987 unter Schutz gestellt wurden.

Um das Naturwunder zu genießen, sollte man die Wege nicht verlassen. Baden ist aber erlaubt: in einer abgetrennten Badebucht mit leicht moorigem Wasser und etlichen Fischen, die sich durch die Badegäste nicht stören lassen. Der Rest gehört der Natur.

Allerdings neigen viele Besucher zu einer übergroßen Liebe zu ihrem Naturhighlight. So ist es auch am Nonnenmattweiher. Anstatt Stille findet man immer öfter Rummel, der durch eine bewirtschaftete Fischerhütte und deren Aktivitäten noch verstärkt wird. »Das Kleinod, das geschützt werden möchte«, schrieb die Badische Zeitung.

Adresse 79692 Kleines Wiesental–Neuenweg | **ÖPNV** Mit dem Wanderbus (Südbaden-bus) von Schopfheim ins Kleine Wiesental bis zum Haldenhof (Linie 7310). | **Anfahrt** A 5 bis Ausfahrt Müllheim-Neuenburg, über Badenweiler und Sirnitz nach Neuenweg; kurz vor Neuenweg biegt eine schmale Zufahrtsstraße zum Nonnenmattweiher ab. Bis Wanderparkplatz unterhalb der Fischerhütte (10 Minuten Fußweg). | **Tipp** Ein wunderschöner Rundwanderweg zum Belchen (dem Hausberg von Neuenweg) mit phantastischen Aussichten beginnt und endet am Wanderparkplatz Hau (Passhöhe zwischen Neuenweg und Böllen, 13 Kilometer; 3,5 Stunden).

63 Die Altholzinsel

Der Biber ist zurück

Ein Biberdamm im Andelsbachtal müsse entfernt werden, berichtete im November 2014 der Südkurier. Was war passiert? Ein von einer Biberfamilie gebauter Damm hatte das Wasser des Andelsbaches gestaut und einen Wanderweg unterspült.

Seit einigen Jahren sind die größten Nager Europas in unsere Landschaft zurückgekehrt und beanspruchen Lebensraum – in Laufenburg eine Altholzinsel zwischen Stadt und Rhein, eine wildromantische Landschaft mit Schluchten und Wasserfällen des Andelsbachs. Diese Altholzinsel beherbergt einen Mischwald mit Eichen, Hainbuchen, Fichten, ergänzt von Bergahornen, Eschen, Vogelkirschen und anderen Arten. Es ist das Naherholungsgebiet der Laufenburger und jetzt auch Lebensraum einer Biberfamilie. Diese wird die Altholzinsel verändern, denn die Biber sind die reinsten Landschaftsarchitekten. Sie bauen sich Burgen, deren Eingang unter Wasser liegen muss. Im Altholzbereich des Andelsbachs ist die Gegend aber eher flach, deshalb baut der Biber einen Damm, um das Wasser vor seinem Eingang aufzustauen. Eigentlich alles ganz logisch, aus Sicht der Biber. An Stellen, an denen die Sicherheit für die Menschen nach solchen Umbauten nicht mehr gewährleistet ist, darf laut Bundesnaturschutzgesetz aber eingegriffen werden.

Wer schon mal in der Dämmerung die gewandten Schwimmer beobachten konnte, achtet das größte Nagetier und bewundert seine Fähigkeiten. Mit seinen Nagezähnen fällt der Biber Stämme von Pappeln, Weiden, Erlen, Eschen und anderen Gehölzen. Ein untrügliches Zeichen seiner Anwesenheit. Etwa 1.000-mal muss er zubeißen, um ein Kilo Holzspäne abzunagen. Der Biber ist ausschließlich Pflanzenfresser, Kräuter, Stauden, Obst und Rinde von Bäumen und Sträuchern stehen auf seinem Speiseplan. Für die kalte Jahreszeit legt sich jedes Paar einen großen Vorrat von berindetem Holz an, um auch in strengen Wintern im Bau verbleiben zu können.

Adresse 79725 Laufenburg | **ÖPNV** Mit der Regionalbahn bis Bahnhof Laufenburg, dann zu Fuß Richtung Rheinufer. | **Anfahrt** Der B 34 folgen, Richtung Gartenstrandbad / Wohnmobilstellplatz abbiegen bis zum Andelsbachparkplatz; dann zu Fuß Richtung Rheinufer bis zur Aussichtsplattform »Tausendfüßler«. | **Tipp** Vom Parkplatz startet ein Rundweg (weißes Schild mit grünem Eichenlaubblatt), den man alleine durchwandern oder mit dem Schwerpunkt »Auf den Spuren der Biber – ein Streifzug durch das Biber-revier« als geführte Tour (circa 1,5 Stunden) buchen kann (Information im Tourismus- u. Kulturamt Laufenburg, Tel. 07763/80651).

64__Der Ursee

Botanisches Schatzkästlein

Der Sage nach spukt es am Ursee. Hexen, Seejungfrauen und das »Kutterwible« sollen dort ihr Unwesen treiben, berichtet das badische Sagenbuch. Heute liegt der Ursee wie ein tiefblauer Fleck im Urseetal. Auch er ist ein Relikt der Eiszeit, wie so viele Seen und Moore im Hochschwarzwald. Er ist aber auch ein botanisches Schatzkästlein. Diese Fülle an seltenen Pflanzen war der Hauptgrund, den See und seine Umgebung bereits in den 1940er Jahren unter Naturschutz zu stellen. Nur der Geldmangel während der Weltwirtschaftskrise hat einen großen Stausee im Urseetal und damit die unwiederbringliche Zerstörung des Moorsees und der umliegenden Flächen verhindert. Das Schutzgebiet wurde dann 1992 auf 31 Hektar erweitert.

Treffender als Manfred G. Haderer in einem Buch über Lenzkirch hätte man die botanischen Highlights nicht beschreiben können: »Im urweltlich anmutenden Biotop Ursee und Urseemoor tummeln sich rare Pflanzengesellschaften, es gibt eine beinahe lehrbuchartige Zonierung von Moorpflanzen. Fieberklee und Torfmoos, Rosmarinheide und Moosbeere, Schlamm-Segge und Sumpf-Bärlapp finden ideale Bedingungen. Der seltene, fleischfressende Sonnentau kommt ebenso vor wie das Bittersüß oder ein kleiner Bestand der beinahe ausgestorbenen Teichrose.«

Neben der Artenvielfalt der Pflanzen beherbergen der Moorsee und die umliegenden Flächen aber auch eine artenreiche Tierwelt. Insbesondere für den Schutz des dortigen Kreuzottervorkommens wurde das Naturschutzgebiet in den 1990er Jahren erweitert. Die Tiere sind allesamt Spezialisten, angepasst an den hohen Säuregrad des Wassers. Dazu gehört zunächst eine Vielzahl von Libellen und Schmetterlingen. Über 40 Schmetterlingsarten wurden am Ursee bereits dokumentiert, vom Admiral bis zum Zipfelfalter. Auch seltene Vögel wie etwa die Wasseramsel mit ihrem weißen Kehlfleck haben hier ihren Lebensraum.

Adresse bei 79853 Lenzkirch | **ÖPNV** Von Freiburg mit der RB bis Neustadt (Bahnhof); umsteigen in SBG-Bus 7258 Richtung Bonndorf / Rathaus bis Lenzkirch. | **Anfahrt** Über die B 315 von Titisee nach Lenzkirch, von Lenzkirch nach Raitenbuch (K 4990); der Ursee liegt circa 1,6 Kilometer westlich des Ortsrandes von Lenzkirch im Talgrund. | **Tipp** Besuchen Sie die Privatbrauerei Rogg in der Bonndorfer Straße 61 in Lenzkirch, die Achim Rogg bereits in der sechsten Generation führt. Wer will, kann auch sein eigenes Bier brauen (Tel. 07653/700, www.brauerei-rogg.de).

65__Der Windgfällweiher
Idyllisches Badeplätzchen abseits des Rummels

Baywatch-Bar und Aloha-Center … ist es nun der Schwarzwald oder etwa Hawaii? Hawaii ist es nicht, aber dafür eine ruhige Insel inmitten des Touristenrummels! Der Windgfällweiher ist ein aufgestauter Moorsee mit einem idyllischen Naturstrandbad auf der einen und mit Schwingrasen und Sumpfbereichen auf der anderen Seeseite.

Wie könnte es anders sein, auch der Windgfällweiher ist durch die Tätigkeit des Gletschers während der letzten Eiszeit entstanden. Nach Abschmelzen des Eises vor etwa 10.000 Jahren entstand in der Windgfällsenke ein Gletschersee. Um 1930 wurde der nördliche Abfluss dicht gemacht und Wasser vom Feldberg künstlich zugeführt. Die Fläche des Sees wurde so erheblich vergrößert und das Wasser des Windgfällweihers unter anderem zur Stromerzeugung im Schluchseewerk genutzt. Auf der einen Seite wird gebadet oder Stand-up-Paddling geübt. Da schauen die Eltern – vielleicht mit einem Cocktail aus der Baywatch-Bar – ihren Kindern zu, wenn die Sprösslinge das erste Mal auf ihrem Board stehen und sich bemühen, dass sie nicht umfallen. Aber das Wasser hat im Sommer nahezu konstante 20 Grad, und somit ist es nicht kalt.

Fährt man mit einem der Tretboote hinaus auf den See, kann man Natur mit allen Sinnen genießen und in aller Ruhe auch beobachten. Wenn man sich vorsichtig dem anderen Ufer nähert, schwirren die Libellen wie glitzernde Pfeile durch die Luft. Vielleicht ist es die Braune Mosaikjungfer? Sie hat immerhin eine Flügelspannweite von zehn Zentimetern, und ihr Körper ist acht Zentimeter lang. Somit gehört sie zu den größten heimischen Edellibellen. Ihr Körper und ihre fragilen, zarten Flügel sind hellbraun gefärbt. Auf dem Brustschild hat sie zwei charakteristische gelbe Bänder. Diese Libellen ernähren sich von Kleininsekten und Spinnen, welche sie im Flug erbeuten. Man kann sie von Juni bis Oktober gut beobachten.

Adresse 79853 Lenzkirch | **ÖPNV** Mit der RB 26971 von Freiburg Richtung Neustadt bis Titisee Bahnhof, weiter mit dem SBG-Bus 7255 Richtung Seebrugg Bahnhof, aussteigen Windgfällweiher, Lenzkirch. | **Anfahrt** A 5 bis Ausfahrt Freiburg-Mitte, dann auf der B 31 Richtung Titisee-Neustadt, B 317 Richtung Waldshut bis Feldberg–Bärental, B 500 Richtung Schluchsee/Waldshut bis Abzweig Lenzkirch, dann auf der K 4990 bis zu den Parkplätzen Windgfällweiher. | **Tipp** Ein Bad im See lässt sich gut mit einer kleinen Wanderung vom Bahnhof Aha nach Altglashütten verbinden. Der Weiher liegt an der Eisenbahnstrecke »Drei-Seen-Bahn«, welche Titisee, Windgfällweiher und Schluchsee miteinander verbindet.

66___Das Teufelsloch

Groß und schaurig

Höhlen und dunkle Verliese haben seit jeher die Phantasie der Menschen angeregt. Phantasievoll ist auch die Geschichte vom Erdweible, die man sich im Schwarzwald erzählt. Ein Mann soll an den Teufelskammern vorbeigegangen sein und bekam vom Erdweible einen Strohhalm um den Hut gebunden.

Der Mann schenkte dieser Begebenheit keine Aufmerksamkeit, doch als er nach Hause kam, hatte sich der Strohhalm an seinem Hut in einen goldenen Reif verwandelt. Dass Stroh zu Gold wird, kennt man auch aus einem anderen Märchen. Doch beweisen konnte solche Wunder noch niemand. Naturwunder sind da schon handfester.

Das Große Loch zeigt sich bei genauer Betrachtung nicht als Behausung des Erdweibles, sondern als ein tiefer Quelltrichter des Laufbaches. Unglaubliche 80 Meter Durchmesser und etwa 300 Meter Länge besitzt dieses geologische Denkmal. Nach Norden läuft der steinerne Trichter in eine bis zu 30 Meter tiefe Schlucht aus. Geschaffen wurde das Gesamtgebilde vom Wasser einer Schichtquelle im Mittleren Buntsandstein, die noch heute den Laufbach speist.

Am westlichen Trichterhang gibt es eine weitere geomorphologische Kostbarkeit zu bewundern: die Teufelskammern. Dabei handelt es sich um eine 14 Meter lange Wand mit zwei Meter hohen und bis zu vier Meter in den Berg reichenden Höhlungen. Diese konnten durch Erosion im unteren Geröllhorizont entstehen. Das »Dach« der Höhlen besteht aus einer härteren verkieselten Buntsandsteinschicht. Dort, wo sachliche Erklärungen fehlen, ist Legendenbildung nicht weit. Vor Jahrhunderten konnte eigentlich nur der Teufel mit der Entstehung der Höhlen zu tun haben. Auch die Buntsandsteinbrocken um die nahe gelegene Teufelsmühle mussten sein Werk sein. Bei der Erkundung der Teufelskammern mit gutem Schuhwerk kann sich jeder selbst einen Reim darauf machen und die Mystik auf sich wirken lassen.

Adresse bei 76597 Loffenau | **Anfahrt** B 462 bis Gernsbach, von dort auf der L 564 über Loffenau Richtung Bad Herrenalb; ausgeschilderter Fahrweg Richtung Teufelsmühle bis zum Parkplatz am Rißwasenhaus. Von dort ist ein Wanderweg (kleiner Pfad) ausgeschildert. | **Tipp** Der Ort Loffenau wurde durch die Stromschnellen und kleinen Wasserfälle des Laufbaches bekannt. Die Laufbachfälle befinden sich mitten im Ort und sind sehenswert.

67 Im Teufelsgrund

Viel Glitzerndes

Auf Schatzsuche gehen und steinreich werden, das wünschen sich nicht nur Kinder. Heute kann man dies bei einer Führung im Schaubergwerk Teufelsgrund in Münstertal erleben. Bei den vielen Erzen wie etwa Pyrit, Bleiglanz oder Zinkblende und Mineralien findet jeder bestimmt etwas Glitzerndes.

Die Erz- und Mineralgänge sind das Ergebnis glutflüssiger Schmelzen, die in Spalten nach oben drangen und erstarrten. Quarz- oder Granitporphyre entstanden. Außerdem kristallisierten verschiedene Mineralien aus und lagerten sich ab. Besonders schöne Mineralienfunde sind etwa der grünlichgelbe Mimetesit mit seinen hexagonalen prismatischen Kristallen, der schwarzblaue Akanthit oder der golden schimmernde Galenit. Lauter kleine Gesteinswunder, wenn man so will.

1512 wurde der Bergbau im Münstertal erstmals urkundlich erwähnt. Holzkohlefunde lassen sich aber bereits auf das Jahr 950 n. Chr. datieren. Nicht die schönen Mineralien waren damals das Ziel der Graberei, sondern Silber, Blei und im 18. Jahrhundert auch Kupfer. Die Herren der Gruben waren die Mönche von St. Trudbert. Sie waren es auch, die im 13. Jahrhundert bis zu 1.000 Bergleute im Ort Münster ansiedelten. In den 1950er Jahren wurde die Grube wegen mangelnder Rentabilität geschlossen.

Seit 1970 wurde ein Stollen – nämlich der Friedrichstollen – für Besucher ausgebaut. In einem Nebenstollen können sich in der frischen, keimfreien Luft Asthmatiker erholen. Auf einem Rundweg über 17 Kilometer wird der einstige Bergbau wieder lebendig. Schöne Aufschlüsse, Verhaue, Pingen, Stollen und Schächte versetzen den Besucher zurück in die Vergangenheit und lassen erahnen, wie schwer das Bergbaugeschäft früher war. Auch ein Kohlenmeiler gehörte dazu, denn zur Verhüttung brauchte man viel Holzkohle. Dies hatte einen Kahlschlag zur Folge. In den Tälern entstanden auf diesen Flächen Viehweiden.

Adresse Besucherbergwerk Teufelsgrund, Mulden 71, 79244 Münstertal, Tel. 07636/1450, www.besucherbergwerk-teufelsgrund.com | **Anfahrt** A 5 bis zur Ausfahrt Bad Krozingen, weiter nach Staufen und nach Münstertal. | **Öffnungszeiten** April–29. Okt. Di, Do, Sa 10–16 Uhr, Juli und Aug. zusätzlich Mi und Fr 13–16 Uhr | **Tipp** Besuchen Sie einen der letzten Köhler im Schwarzwald. Der Meiler der Familie Riesterer befindet sich im OT Rotenbruck und dort in einem Seitental. Wann angezündet wird, erfährt man über die Touristinformation Münstertal (Tel. 07636/70740 oder touristinfo@muenstertal-staufen.de).

68_Des Geigerles Lotterbett
Ein steinernes Zelt

Sandsteinfelsen gibt es im nördlichen Schwarzwald mehr als genug. Doch Geigerles Lotterbett bei Neubulach erkennt man auf den ersten Blick. Es sieht aus, als habe jemand zwei zwei mal drei Meter große Steinblöcke gegeneinandergestellt und so ein riesiges Dach aus Stein errichtet. Dieser Dauerunterstand regte auch die Phantasie der Menschen an. Der Volksmund behauptet, dass hier in früherer Zeit ein armes Geigerlein sein Zuhause gehabt haben soll. So weit die Geschichte.

Als Naturdenkmal ist diese Felsformation neben den benachbarten Felsen Schäferfels, Stubenfels und Beilfels ein weiteres Beispiel für den im Nordschwarzwald typischen Buntsandstein. Meist ist er rötlich bis rotbraun gefärbt, was mit dem Eisenoxid zusammenhängt, das die einzelnen Sandkörner umgibt.

Wie bei vielen anderen felsigen Lebensräumen im Nordschwarzwald herrschen auch hier extreme Lebensbedingungen. Die frei stehenden Steingebilde sind der Sonne ausgesetzt und erwärmen sich stark. Sind sie zudem noch starken Winden ausgesetzt, trocknen sie infolge der fehlenden wasserspeichernden Bodenschicht schnell aus. Im Winter fehlt oft die schützende Schneeschicht oder wird schnell fortgeweht.

Solche harten Lebensbedingungen können nur Algen, Flechten und Moose überdauern. Insbesondere die auf dem Sandstein lebenden Flechten sind wahre Überlebenskünstler. Dass sie keine eigenständigen Organismen sind, weiß man erst seit etwa 100 Jahren. Sie sind eine Lebensgemeinschaft aus Pilz und Alge. Davon profitieren beide Partner. Der Pilz hat kein Chlorophyll. Das ist der grüne Blattfarbstoff, den Pflanzen brauchen, um über die Fotosynthese Zucker und Stärke zu produzieren. Diesen Part übernimmt bei der Flechte die Alge. Dafür kann der Pilz Mineralstoffe aus der Umgebung aufnehmen, die wiederum der Alge zugutekommen. Ein perfektes Miteinander.

Adresse 75387 Neubulach | **ÖPNV** Mit dem RE bis Bad Teinach-Neubulach. Von dort aus den Waldweg hinter einem Kraftwerk bergauf zu den Felsformationen. | **Anfahrt** Über die B 295 bis Calw, dann weiter auf der B 463 bis Talmühle, dann abzweigen auf die K 4304 Richtung Altbulach bis Rastplatz Wasen. Von dort führt die gelbe Raute in etwa 800 Metern hinab zum Rastplatz Geigerle. | **Tipp** Anstatt auf eigene Faust loszuziehen, kann man sich auch speziell qualifizierte Natur- und Landschaftsführer für eine spezielle NaturTour buchen (www.teinachtal.de).

69___Die Stollen in Neubulach

Gold und Silber mag ich sehr …

Nein, Gold hat man im Schwarzwald nicht gefunden, aber Silber und Kupfer in größeren Mengen. Der Bergbau in Neubulach hat eine 1.000-jährige Tradition. Die Blütezeit des Kupfer- und Silberbergbaus dürfte im 13. und 14. Jahrhundert gewesen sein. Die Lagerstätte hat vermutlich 35,5 Tonnen Silber und 7.500 Tonnen Kupfer über mehrere Jahrhunderte erbracht. Es ist kaum vorstellbar, wie die Menschen sich geschunden haben, um an die begehrten Abbauprodukte zu kommen. Immerhin war der Bergbau Ende des 14. Jahrhunderts bis in 160 Meter Tiefe vorgedrungen, und das ohne Sprengstoff. Das viele Haldenmaterial, das aus den Stollen herausgeschafft werden musste, liegt rings um Neubulach. Es sind rund 550.000 Tonnen Haldenmaterial. Unglaublich, wie die Menschen schon vor über 600 Jahren die Geomorphologie verändert haben. Teilweise sind die Halden heute überbaut, teilweise kann man aber auch noch seltene Mineralien finden. Der blaue Azurit oder der grünlich schimmernde Malachit sind solche Kostbarkeiten. Kleine Wunder aus dem Berg für die heimische Mineraliensammlung.

Der ältere Bergbau unterschied sechs parallele Erzgänge. Der »Segen-Gottes-Gang« war die Haupterzführung, daneben gab es zahlreiche Nebengänge. Im Bereich des »Hella-Glück-Stollens« ist die Gangausbildung unter Tage aufgeschlossen und seit 1969/70 auch für Besucher zugänglich und beleuchtet. Bis zur Abbaustrecke »Segen-Gottes-Gang« kann man gefahrlos vordringen.

Die Stollengemeinschaft der historischen Bergwerke Neubulach e. V. hat es sich zum Ziel gesetzt, die alte Bergwerkstradition nicht in Vergessenheit geraten zu lassen. So wurden etwa mittelalterliche Technik wie ein Pochwerk (zum Zerkleinern von Erzen) und Widderpumpen (Druckstoßpumpen) rekonstruiert, um den einst beschwerlichen Bergwerksalltag besser verstehen zu können. Außerdem gibt es einen Fledermauspfad, um auf den Spuren von Batman und Co. zu wandeln.

Adresse Ziegelbach, 75387 Neubulach, www.bergwerk-neubulach.de | **Anfahrt** B 294
bis Kalmbach, weiter über die B 296 bis Calw, dann über die B 463 nach Neubulach; dort
der Ausschilderung folgen. | **Öffnungszeiten** Di–Fr Führungen um 14 und um 15 Uhr;
Sa, So und an Feiertagen 11–16 Uhr | **Tipp** In der Bergvogtei, Marktplatz 1 in Neubulach,
kann man sich über die Mineralienfunde im Bergwerk informieren, aber auch ganz
andere Funde aus anderen Gegenden Deutschlands und der Welt bewundern (geöffnet
April–Okt. Di–Fr 13.30–17 Uhr; sonst auf Anfrage Tel. 07053/969526).

70__Die Frischglück-Grube

Keltische Speerspitzen und badische Werkzeugmaschinen

Neuenbürg hat eine lange Bergwerkstradition. Eisenerze wurden hier bereits von den Kelten und Römern abgebaut. Doch erst um das Jahr 2010 machten Archäologen sensationelle Funde. Ihren Forschungen zufolge war wohl Neuenbürg so etwas wie eine keltische Hightech-Region. Die Archäologen fanden Reste von Brennöfen, die in den Hang hineingebaut worden waren und dort Jahrtausende überdauerten. Durch Ausnutzung der Hangwinde konnten Feuer mit bis zu 1.200 Grad Hitze erzeugt werden. Eine weitere Besonderheit sind Funde aus der Ottonenzeit. Im Grabungsfeld »Schnaitzteich« wurde ein kompletter Verhüttungsarbeitsplatz geborgen. Bergbau im Mittelalter ist im Gegensatz zu anderen Stollen im Schwarzwald bis jetzt nicht belegt. Erst ab 1527 werden Isengruben, also Eisengruben, bei Waldrennach erwähnt.

Seine große Blütezeit erlebte der Eisenerzabbau in Neuenbürg in der Zeit von 1720 bis 1868. Es war Brauneisenerz, das gefördert wurde. Mit einem Eisengehalt von bis zu 50 Prozent war es in der Stahlindustrie sehr gefragt. Zudem war dieses Eisenerz manganhaltig – eine Voraussetzung, um den Stahl gut schmieden zu können, und nahezu sulfitfrei. Also höchste Schwarzwälder Qualität. Hauptabnehmer war die Stahlhütte in Pforzheim. Aber auch Neuenbürg wurde Zentrum einer bedeutenden Kleineisenindustrie. Doch das ist lange her.

Heute bleibt allenfalls die Erinnerung an frühere Bergbautradition. 1985 wurde das Schaubergwerk in einer alten Erzgrube eingeweiht. Unter dem Namen »Frischglück« ist dieses Besucherbergwerk eine Mischung aus Wissensvermittlung alter Bergwerkstradition und Freizeitpark unter Tage. Neben den klassischen Führungen im Schaubergwerk gibt es eine Reihe von Themenführungen: Lampenführungen, Abenteuerführungen, Klettern im Bergwerk oder das »Dinner for one« – ein Arrangement aus Essen, Feiern und Erlebnisführung – können gebucht werden.

Adresse 75305 Neuenbürg, Tel. 07082/792863, www.frischglueck.de | **ÖPNV** Von Pforzheim bis Neuenbürg-Süd; Weiterfahrt mit der Buslinie 724/735 (Neuenburg-Schömberg). Der Bus hält direkt am Bergwerksparkplatz. | **Anfahrt** Über die B 294 von Pforzheim bis Neuenbürg, weiter Richtung Bad Wildbad; nach dem Ortsausgang nach Waldrennach links abbiegen und der Beschilderung folgen; Parkplatz nach circa 500 Metern. | **Öffnungszeiten** Sa, So und Feiertag 10–17 Uhr und nach Vereinbarung | **Tipp** Ein Besuch des Schlosses Neuenbürg mit seinem Museum, einer Außenstelle des badischen Landesmuseums: Herzstück des Museums ist »Das kalte Herz«, ein berühmtes Märchen des schwäbischen Dichters Wilhelm Hauff, das in sechs begehbaren Szenen erzählt wird (www.schloss-neuenbuerg.de).

71__Die Allerheiligenfälle
Wasser und viel Grün

Wasserfälle gibt es im Schwarzwald viele, nicht zuletzt aufgrund der großen Höhenunterschiede. Bei den Allerheiligenfällen erwartet den Besucher ein Spektakel über 80 Meter Höhenunterschied: Kaskadenartig stürzt das Wasser des Lierbachs über steile Felsstufen herab. Pures Schwarzwaldwasser und glasklar! Verantwortlich für diesen Anblick ist eine harte Gesteinsschicht aus Quarzporphyr, welche die markante Gefällstufe bildet.

Bei so viel herabstürzendem Wasser und dessen ungeheurer Kraft haben sich am Fuß der Wasserfälle Strudeltöpfe entwickelt – wie natürliche Badewannen, aber eiskalt. Da genießt man lieber das Naturschauspiel vom Weg aus und ist trotzdem ganz nah dran: Die früher unzugängliche Schlucht wurde vor etwa 200 Jahren über Wege entlang der Felsen, Treppen und Holzstege für die Besucher erschlossen: Gischt und tosendes Wasser sind zum Greifen nah.

Die Luftfeuchte ist hoch und steht in unmittelbarem Zusammenhang mit der hier vorkommenden Schluchtvegetation: Bergahorne und Eschen prägen das Bild, viele Moose und Farne – teils vom Wasser überrieselt – lassen die Felsen und Felsblöcke der Westhänge der Schlucht wie grüne, weiche Wände erscheinen.

Fallen Sonnenstrahlen in die doch eher schattige Schlucht mit dem imposanten Wasserfall, ist man von den vielen Farbvarianten in Grün fasziniert.

Selbst Franz Kafka war begeistert und schrieb: »In den Wäldern sind Dinge, über die nachzudenken man jahrelang im Moos liegen könnte.« Was für ein reizender Gedanke, sich unter einem grünen Blätterdach einfach ins Moos zu legen!

Moose, aber auch Farne zählt man wissenschaftlich zu den Kryptogamen. »Kryptos« (griech.) heißt so viel wie »im Verborgenen«. Und in der Tat sind Moose und Farne Pflanzen ohne Blüten. Sie vermehren sich nicht über Samen, sondern mit Hilfe von Sporen, die sich bei den Farnen an der Blattunterseite befinden.

Adresse 77728 Oppenau | **ÖPNV** Von Oppenau Bahnhof mit der Panoramalinie 7125 an Wochenenden und Feiertagen; werktags ab Bahnhof Kleinbus zu den Wasserfällen. | **Anfahrt** Über die A 5 bis zur Ausfahrt Appenweier, weiter über die B 28 bis Oppenau, von hier Landstraße Richtung Schwarzwaldhochstraße (B 500), den Schildern folgen; Parkplätze am Fuß der Wasserfälle. | **Tipp** Wer noch etwas Zeit hat, kann den Lierbach aufwärts nach Allerheiligen wandern. Heute erinnert eine Ruine aus Buntsandstein an ein ehemaliges Kloster, das 1196 von der Herzogin Uta von Schramberg gegründet wurde. Der Rückweg führt über einen schmalen Höhenweg am Westhang.

72__Die Edelfrauengrab-Wasserfälle

Grab oder Wasserfall?

Oft ranken sich im Schwarzwald Legenden um besondere Orte in der Natur. Sie inspirierten die Menschen schon in früherer Zeit. So war es sicherlich auch beim Edelfrauengrab, einer durch die Kraft des Wassers ausgekolkten Höhle im Gottschlägtal. Der Sage nach hat dort der Ritter Wolf von Bosenstein seine Frau bei lebendigem Leib einmauern lassen, da ihm diese während seiner Abwesenheit untreu gewesen war.

So weit die schaurige Legende. Wenden wir uns lieber der Natur zu. Denn eigentlich ist die Höhle ein kleines Naturwunder. Welch gewaltige Kräfte des Wassers müssen da über Jahrtausende gewirkt haben, um solch ein Naturbassin entstehen zu lassen. Schwimmbad mit gleichzeitiger Dusche, könnte man sagen – und es an heißen Sommertagen auch gleich ausprobieren. Doch im Naturschutzgebiet gilt das Wegegebot, und die Besucher sollten es achten. Das Edelfrauengrab ist eines der Highlights in der Schlucht, die der Gottschlägbach geschaffen hat. Spannend ist der schmale Pfad durch kühle Fichten-Tannenmischwälder mit eingestreuten Buchen und Bergahornbäumen. Von mehreren bis zu acht Meter hohen Wasserfällen stürzt das Nass herab, gesäumt von unterschiedlichen Farnen und Moosen. Ein Erlebnis für die Sinne: das Rauschen des Wassers, die sprühende Gischt, der Geruch von Frische und die Romantik der Schlucht. Ab und an hört man ein lautes, hartes »tek, tek« – den Ruf des Zaunkönigs – aus dem niedrigen Buschwerk am Wasser. Mit seinen gerade mal neun Zentimetern ist er einer der kleinsten heimischen Vögel. Geschäftig huscht der braune Knirps durchs Gestrüpp, knickst wie ein Rotkehlchen und verschwindet im Pflanzengewirr am Boden.

Am besten vergisst man die schreckliche Sage von der Edeljungfrau und genießt einfach nur die Natur.

Adresse bei 77883 Ottenhöfen | **ÖPNV** Von Achern (Bahnhof) mit SWEG-Zug Richtung Ottenhöfen (Bahnhof). | **Anfahrt** A 5 bis Achern, Landstraße bis Ottenhöfen. Am Bahnhof/Kurpark Ottenhöfen startet ein Wanderweg, der über einen schmalen, serpentinenartigen Pfad ins Gottschlägtal und zu den Edelfraugrab-Wasserfällen führt. | **Tipp** Unterwegs im Ort Ottenhöfen empfiehlt sich ein Blick in die evangelische Kirche, die in den 1930er Jahren im Stil der norwegischen Stabkirchen erbaut wurde.

73_Der Felsenweg
Einblicke ins Erdinnere

Eine Tour über den Felsenweg bei Ottenhöfen ist wie das Blättern in einem lebendigen Geologiebuch. Ob am Sesselfelsen, am Spitzfelsen, am Stierfelsen oder den anderen steinigen Vertretern, überall kann man in die Erdgeschichte eintauchen, überall gibt es Außergewöhnliches zu sehen. Es ist gar nicht so, wie es der Geheimrat Goethe einmal formulierte: »Bei den Steinen ist es wie bei den Menschen, selten findet man einen Außergewöhnlichen.« Hier begegnet einem auf Schritt und Tritt das Außergewöhnliche, das Besondere, das Naturwunder.

Der Felsenweg zeigt interessante Einblicke in den Aufbau des Schwarzwald-Grundgebirges, in uraltes vulkanisches Geschehen und in Verwitterungsvorgänge, die bis heute andauern. Es ist hier der Oberkircher Granit, der aus Glimmer, Feldspat und Quarz besteht. Und es sind Porphyre, die aus magmatischen Granitschmelzen entstanden sind.

Sind diese Schmelzen einst langsam emporgedrungen, entstand im Gestein beim Erkalten eine gut ausgebildete Fließtextur, die lange Streifen mit Fältelungen aufweist. Am Sesselfelsen ist dies gut erkennbar. Geschah der Ausbruch explosionsartig, entstanden sogenannte Schlotbeccien aus zerborstenem und wieder verkittetem Gesteinsmaterial. Der Spitz- und der Breitfelsen sind hierfür beispielhaft. Am Pfennigfelsen und etwa am Palmfelsen ist die für den Granit typische Wollsackverwitterung zu beobachten: Große gerundete Blöcke, die wie Wollsäcke aussehen, sind hier aufeinandergetürmt. In den Klüften des Granits haben Spaltenfrost und chemische Verwitterung gewirkt, und bei Rutschen und Felsstürzen kommt es oft zur Bildung von Blockhalden und Felsenmeeren. Diese Gesteinsbildungen fanden vor 250 bis 300 Millionen Jahren statt. Also echte Gesteinsmethusaleme.

Schon fast am Ende der Tour hat man bei klarem Wetter von der Sommereck noch einen wunderbaren Blick ins Rheintal.

Adresse bei 77883 Ottenhöfen | **ÖPNV** Von Achern (Bahnhof) mit dem SWEG-Zug Richtung Ottenhöfen (Bahnhof). | **Anfahrt** Über die A 5 Ausfahrt Achern auf der L 87 nach Kappelrodeck, weiter in Richtung Ottenhöfen bis zum Bahnhof. Dann zu Fuß weiter über den Kurgarten, den Blustenweg nach Höf. Ausgangs- und Endpunkt ist das Gasthaus Schwarzwaldstube. | **Tipp** Nach der Gesteinstour schmeckt ein zünftiges Schwarzwälder Vesper etwa im Köninger Hof, einem traditionellen Schwarzwälder Bauernhof. Hof- und Mühlenbesichtigungen sowie Edelbrand- und Likörproben ergänzen das Angebot (www.koeningerhof.de).

74___Der Karlsruher Grat

Nur was für Geübte

»Nur für geübte Bergwanderer«, heißt es in der Wanderbroschüre. Ein Klettersteig im Schwarzwald? Ja, denn der Schwarzwald ist immer für eine Überraschung gut. Schwindelfreiheit und Trittsicherheit sind gefordert. Das ist nichts für Spaziergänger.

Aus Sicht der Geologen ist der Karlsruher Grat ein Quarzporphyr-Rücken, der vor 270 Millionen Jahren im Erdaltertum entstand. Damals drang Magma in eine vier Kilometer lange und 750 Meter tiefe Gesteinsspalte ein und erkaltete. Zunächst war jahrmillionenlang noch alles mit Buntsandstein überdeckt. Doch die Erosion legte den härteren Porphyr frei. Jetzt kann dort geklettert werden. Der Fels ist hart und bröckelt nicht. Am Grat auf 1.000 Meter Höhe muss jeder seinen eigenen Weg finden, ausgewiesene Pfade gibt es nicht. Aber Aussicht dafür jede Menge. Am Herrenschrofen etwa ist der Blick über das Achertal grandios.

Wem der Nervenkitzel mit der Kletterei zu groß wird, der nimmt den markierten Weg außen herum. Wie eine mediterrane Insel gibt der Karlsruher Grat im Sommer seine gespeicherte Energie ab. Harziger Kieferduft, gelbliche Büsche des seltenen Heideginsters oder die weißen Blüten der Felsenbirne erinnern an den letzten Mittelmeerurlaub. Dazwischen wärmeliebende Esskastanien und Eichen. Für viele Insekten sind die warmen, besonnten Hänge Richtung Süden idealer Lebensraum. Heuschrecken und Schmetterlinge finden dort bevorzugt Futterpflanzen. Am Dost etwa kann man mit etwas Glück einen bunten Schmetterling – die Spanische Fahne – beobachten. Nein, das hat mit einer Flagge nichts zu tun. Mit bunten Farben aber sehr wohl, denn dieser Schmetterling, der auch Russischer Bär genannt wird, hat eine auffällige Flügelzeichnung: Zunächst zeigt sich nur das schwarz-weiße Streifenmuster der Vorderflügel, beim Auffliegen auch die knallroten Hinterflügel mit schwarzen Flecken – ein Warnsignal für potenzielle Fressfeinde.

Adresse bei 77883 Ottenhöfen | **ÖPNV** Von Achern (Bahnhof) mit SWEG-Zug
Richtung Ottenhöfen (Bahnhof). | **Anfahrt** A 5 bis Ausfahrt Achern, Landstraße über
Achern nach Ottenhöfen (14 Kilometer), bis Ortsmitte; vom Bahnhof / Kurgarten ist der
Weg als »Genießerpfad Karlsruher Grat« ausgeschrieben. | **Tipp** Der besondere Reiz von
Ottenhöfen und Furschenbach liegt auch in den erhaltenen oder restaurierten Mühlen, die
man auf einem Mühlenwanderweg erkunden kann. Er beginnt am Bürgerhaus / Bahnhof
Ottenhöfen. Die reine Gehzeit dieser landschaftlich sehr beeindruckenden Wanderung
beträgt circa 4 bis 5 Stunden, wobei verschiedene Abkürzungen möglich sind.

75__Die Große Tannen
Baumriesen oder Riesenbäume

Die große Tanne, die diesem Gebiet ursprünglich seinen Namen gab, wurde 1939 durch Blitzschlag zerstört. 250 Jahre alt und 42 Meter hoch soll die stattliche Weißtanne (oder wissenschaftlich Abies alba) damals gewesen sein. Bei einem Durchmesser von etwa eineinhalb Metern und einem Stammumfang von viereinhalb Metern (in Brusthöhe) lieferte so ein Baumriese rund 25 Festmeter Holz. Der Baumstumpf ist noch heute zu bewundern. So nach und nach holt ihn sich der Kreislauf der Natur zurück. Denn eine Vielzahl von Käfern und anderen Insekten sowie Pilzen, aber auch Spechte, die nach Insektenlarven suchen, zersetzt das tote Holz und führt es in den Naturkreislauf zurück. Da fragt man sich, welches das größere Naturwunder ist, die einstige große Tanne oder aber das vielfältige Leben im Verborgenen.

Im Naturschutzgebiet kann man die selten gewordenen urwüchsigen Tannen-Buchenwälder bewundern, wie sie einmal für den nördlichen Schwarzwald ganz typisch waren. Doch der Holzhunger war einst unersättlich, sodass schon vor 200 Jahren viele große Weißtannen auf verschiedenen Wegen als Schiffsholz über die Enz, den Neckar und den Rhein bis nach Holland geflößt wurden. Deshalb wurden sie auch Holländertannen genannt. Danach wurden die Flächen im Schwarzwald vielfach mit Fichtenmonokulturen aufgeforstet, welche weder standorttypisch noch ökologisch stabil waren und sind.

Wenn auch die älteste Tanne – die Kälberbronner Gründungstanne von 1724 mit 49 Metern Höhe und einem Stammumfang in Brusthöhe von 4,9 Metern – nicht mehr da ist, beeindruckt doch die Ursprünglichkeit dieser Waldgesellschaft mit einer Vielzahl von bis zu 250 Jahre alten Rotbuchen und Weißtannen. Sie gehören zu den ältesten Bäumen des Schwarzwaldes überhaupt, da sie sich im nicht genutzten Staatswald (Bannwald) über lange Zeit ungestört entwickeln konnten und vor der Säge verschont blieben. So sind urwaldähnliche Strukturen entstanden.

Adresse 72285 Pfalzgrafenweiler–Kälberbronn | **Anfahrt** B 462 bis Klosterreichenbach, von hier aus bis Obermusbach nach Kälberbronn; das Naturschutzgebiet »Große Tannen« liegt am Ortsausgang von Kälberbronn Richtung Grömbach. | **Tipp** Wollen Sie das Geheimnis des Schwarzwälder Schinkens kennenlernen? Die Firma Räucher-Spezialitäten Pfau in Herzogsweiler bietet jeden Dienstag um 14.30 Uhr und um 16.30 Uhr sowie samstags um 11.30 Uhr je eine halbstündige Führung durch die Schinkenräucherei an. Weitere Termine sind auf Anfrage unter Tel. 07445/6482 möglich.

76 Das Hagenschießer Felsenmeer

Steine und mehr

Hier brannte einst die Sonne auf die nach Süden und Westen ausgerichteten Hänge, der Schnee schmolz, die Winde von Westen bliesen die angetauten Bodenpartikel aus, und das Schmelzwasser trug den restlichen Boden hangabwärts. Blanke, grobe Felsblöcke kamen zutage, die dann aufgrund ihres großen Gewichtes ins Rutschen gerieten, bis sie in einer flachen Mulde liegen blieben. Das war vor mehr als 10.000 Jahren. Es ist die Entstehungsgeschichte des Hagenschießer Felsenmeeres, einer sogenannten Blockhalde, im Zeitraffer. Solche Blockhalden gibt es im Schwarzwald viele.

Das Hagenschießer Felsenmeer ist also ein Überbleibsel der letzten Eiszeit am Hang des Würmtals unweit von Pforzheim. Damals sah die Landschaft noch völlig anders aus. Es gab kaum Baumbewuchs, und so konnten die Naturkräfte die Landschaft verändern. Mit einem Meer im eigentlichen Sinne hat das Naturhighlight nichts zu tun, höchstens mit einem Meer an Steinen.

Heute steht das Gebiet unter Naturschutz. Auf fünfeinhalb Hektar Fläche darf die Natur ganz Natur sein. Zwischen Hunderten von Buntsandsteinblöcken hat sich ein artenreicher Buchen-Tannenwald entwickelt, dazwischen stehen Linden und Bergahornbäume. Viele der Baumriesen sind schon an die 200 Jahre alt, da es im Schutzgebiet keine forstliche Nutzung gibt. Auch umgestürzte Bäume werden nicht entfernt, sondern verbleiben im Ökosystem Wald, denn eine Vielzahl von Tieren – insbesondere Insekten und höhlenbrütende Vogelarten wie etwa Spechte – braucht das Alt- und Totholz als Lebensraum. Ganz zu schweigen von den unzähligen, oft unscheinbaren Kleinstlebewesen, den sogenannten Destruenten, die Totholzpartikel mineralisieren und dem ökologischen Kreislauf wieder zuführen. Diese Heinzelmännchen wirken überall in der Natur. Denn Natur kennt keinen Abfall.

Adresse bei 75172 Pforzheim | **ÖPNV** Das »Seehaus« wird vom Pforzheimer Stadtverkehr angefahren (L 5). | **Anfahrt** Auf der B 10 bis Pforzheim weiter durchs Würmtal Richtung Tiefenbronn bis zum »Seehaus« fahren. Dort gibt es Parkplätze. Etwas versteckt steht die Informationstafel zum Hagenschießer Felsenmeer. Der Weg führt über den ausgeschilderten Naturpfad Hagenschieß mit zusätzlichen Informationen. | **Tipp** Auch ein Abstecher in den Pforzheimer Wildpark, der gleich danebenliegt, ist lohnenswert.

77_Die Würm

Ein Schwarzwaldflüsschen wie aus dem Bilderbuch

»Sie tanzt und springt wie ein junges Mädchen, sie sprudelt und blubbert, und an manchen Stellen fließt sie auch still und langsam dahin, wie ein alter, träger Flachlandfluss.« Treffender als von der Naturschutzverwaltung Baden-Württembergs beschrieben kann man die Würm südlich des gleichnamigen Ortes Würm kaum charakterisieren.

Es ist einer der wenigen Flüsse, die noch vom Menschen unbeeinflusst fließen dürfen. So kann die Kraft des Wassers gestalterisch wirken, Prall- und Gleithänge ausbilden, Geröllbänke im Fluss formen und sie wieder verlagern, Zonen mit langsam fließendem Wasser bilden.

Solch natürliche Flussdynamik ist leider selten geworden. Und mit der Begradigung der Flüsse haben sich auch eine ganze Reihe von Tier- und Pflanzenarten verabschiedet, die mit den geraden »Abflussrinnen« nicht zurechtkommen. An der Würm ist das anders! Hier kann man sie noch entdecken, die kleinen Naturschätze, die einen natürlichen Flusslauf ausmachen.

Auffällig ist ein schillernder Vogel, der von einem Ast das Geschehen unter Wasser genau beobachtet. Pfeilschnell stürzt er sich hinunter und erbeutet kleine Fische mit bis zu sieben Zentimeter Länge. Im Sommer auch Köcherfliegenlarven. Wie ein schillernder Edelstein mit blau-, grün- und türkisfarbenem Gefieder wirkt der markante Eisvogel. Sandgruben, Uferwände oder Böschungen und Wurzelteller umgestürzter Bäume – oft mitten im Wald und auch kilometerweit vom Wasser entfernt – bieten ihm Möglichkeiten, seine bis zu eineinhalb Meter lange Brutröhre zu graben. Das ist ein faszinierendes Ereignis. Erst lockert er mit Schnabelstößen die Erde, dann kratzt er sie mit den Füßen, deren halb verwachsene Zehen eine Schaufel bilden, heraus. Die Röhre endet in einer kesselförmigen Weitung, in der sechs bis elf Junge auf Futter warten. Der Smaragd unter den Vögeln ist hier gar nicht so selten.

Adresse 75181 Pforzheim–Würm | **ÖPNV** Mit den Buslinien 4, 41 und 666 (Würmtalbus) bis Haltestelle Würm fahren, über die Würmbrücke in den gleichnamigen Ort gehen. Gleich neben der Brücke verläuft der Würmtalwanderweg Richtung Süden zum NSG Südliches Würmtal. | **Anfahrt** Von Pforzheim zunächst auf der B 463 Richtung Unterreichenbach; kurz nach Pforzheim die Bundesstraße verlassen und der L 572 (Würmtalstraße) nach Würm folgen. Südlich des Ortes gelangt man zum Naturschutzgebiet Unteres Würmtal. | **Tipp** Die Künstler- und Villenkolonie »Auf dem Berg« im Ort Würm: 1906 kamen natur- und kunstbegeisterte Schmuckfabrikanten und der Bildhauer Adolf Sautter auf die Idee, oberhalb des Würmtals eine Künstlerkolonie zu gründen. Heute kann diese auf beachtliche Kunst- und Baudenkmäler und eine bewegte Geschichte zurückblicken. Oberhalb der Siedlung kann man sich am Wochenende im Café Flora erfrischen.

78__Die Panoramarunde

Einmal durch die Gaishölle in den Himmel und zurück

Sasbachwalden liegt auf dem Sonnenbalkon des Schwarzwaldes. Es ist die Vorbergzone – eine wunderbare Natur- und Kulturlandschaft mit vielen kleinen und großen Natur- und Kulturhighlights, die es zu entdecken gilt. Wiesen, Weinberge, Wälder und Wasserfälle wechseln sich ab und eröffnen immer neue Ausblicke, die erstaunen und faszinieren. Auf dem Panoramarundweg einmal das Weindorf Sasbachwalden zu umrunden ist ein unvergessliches Erlebnis.

»Über sieben Brücken musst du gehen«, sang einst Peter Maffay. Ob er da an die Gaishöllschlucht dachte? Wohl eher nicht, denn hier geht es über 13 Brücken und 225 Stufen durch die Schlucht, vorbei an sagenumwobenen Wasserfällen und an großen Granitsteinblöcken, den »Wollsäcken«, die mit Moosen und Farnen bewachsen sind. Urwüchsig anmutende Waldvegetation aus Eschen und Erlen erhöht den Erlebniswert. Es ist schattig, luftig und feucht. Genau die richtigen Standortbedingungen für Silberblatt, Goldnessel oder Milzkraut.

Von der Siedlung Hörchenberg geht's weiter zu einer Kornmühle aus dem 18. Jahrhundert. Jetzt begleiten den Wanderer Kastanienwälder, Obstwiesen und Weinberge. Das milde Oberrheinklima wirkt sich hier bis in 800 Meter Höhe positiv aus. Entlang des alten Postweges und durch hohle Gassen gibt es immer wieder faszinierende und unverhoffte Ausblicke auf Sasbachwalden, das Rheintal und die gegenüberliegenden Vogesen. In Richtung Osten fällt der Blick auf die Hornisgrinde. Bis dorthin sind es lediglich fünf Kilometer. Auf dem Weg soll neben dem Naturerlebnis natürlich auch das Kulturerlebnis nicht zu kurz kommen. Weingüter laden zur Verkostung ihrer Produkte ein. Grauburgunder, Riesling oder Spätburgunder gehören dazu. Schon über 400 Jahre kennzeichnet der Weinbau die Region um Sasbachwalden. Vorbei am Bildstöckle des »Alde Gottes«, Schnapsbrunnen und alten Fachwerkhäusern geht's nach Sasbachwalden zurück.

Adresse 77887 Sasbachwalden | ÖPNV Buslinie 7123 von Achern nach Sasbachwalden, Haltestelle Gaishölle; von dort Einstieg in den Panoramarundweg. | Anfahrt A 5 bis Ausfahrt Achern, auf L 86 bis Sasbachwalden zum Kurhaus »zum Alde Gott« (am Kurpark); von dort Zuweg durch die Weinberge bis zur »Badischen Bank« und dem Panoramarundweg. | Tipp Mehr als zehn Schnapsbrunnen befinden sich auf der gesamten Gemarkung, sie sind auf einen nördlichen (7 Kilometer) und südlichen (12 Kilometer) Rundwanderweg verteilt. Durch diese Brunnen fließt ständig kaltes Bergquellwasser zur Kühlung der darin gelagerten Getränke: Schnäpse, Liköre, Most, Wein und alkoholfreie Getränke (www.sasbachwalden.de/Wandern-Aktivitaeten/Die-Schnapsbrunnenwege).

79__Der Schluchsee

Sommerfrische am Stausee und Naturgenuss am Berg

In der Ferne glitzert das Wasser. Wie bunte Punkte wirken die Boote. Zugegeben, ein Geheimnis für stillen Naturgenuss ist der Schluchsee nicht. Es ist schließlich ein künstlich geschaffener Stausee mit einer Gesamtlänge von 7,5 Kilometern, 1,5 Kilometern Breite und einer Wassertiefe von bis zu 65 Metern. Ursprünglich war er nur etwa einen Quadratkilometer groß.

Doch mit der Fertigstellung der Schluchseestaumauer im Jahr 1932 veränderte sich viel. Das Wasser wirkt wie ein Magnet, und alle kommen: Segler, Surfer, Ruderer, Angler und solche, die einfach baden wollen. Dieses Freizeitvergnügen gibt es ausschließlich in den Sommermonaten, wenn der See den normalen Wasserstand hat. Kommt man im zeitigen Frühjahr, liegt der Wasserspiegel tiefer, und der See gibt einen unschönen braunen, leicht modrigen Rand frei. Das liegt daran, dass er Teil eines Wasserkraftwerkes ist. Und ein hoher Wasserspiegel bedeutet weniger Energieproduktion und damit weniger Verdienst.

Beschaulicher geht es auf der Südseite zu. Nur ein Wanderweg erschließt diese Seeseite und gewährt nähere Einblicke: der Jägersteig, ein sogenannter Premiumwanderweg, auf dem man mit allen Sinnen in die Schwarzwaldnatur eintauchen kann. Stehen bleiben, tief durchatmen und die Stille genießen – hier werden die Sinne sensibilisiert. Auf schmalen Pfaden geht es den Berg hinauf, immer wieder mit einem Blick auf den See. Vom 1.134 Meter hohen Bildsteingrad hat man einen grandiosen Ausblick: feine weiße, vom Wind gestaltete Schaumkrönchen auf dem dunkelblauen Wasser und in der Ferne die Schweizer Alpen.

Für einige geht das Genießen noch weiter: Das Felsige, das Holzige und das Weiche, Moosige unter den eigenen Füßen richtig wahrzunehmen ist ein zusätzliches Highlight. Das kann man, wenn man sich auf Gummifüßlinge einlässt oder den Berg barfuß begeht. Mit oder ohne Schuhe geht's wieder zum See zurück.

Adresse 79859 Schluchsee | **ÖPNV** Von Freiburg aus mit dem Zug 728 Richtung Seebrugg bis Schluchsee Bahnhof. | **Anfahrt** Auf der B 31 Richtung Neustadt, Ausfahrt B 317/B 500 Richtung Basel/Feldberg/Waldshut-Tiengen/Schluchsee/Lenzkirch, im Bärental in Richtung Schluchsee/Altglashütten abbiegen, bis Schluchsee fahren; Wanderparkplatz »Im Wolfsgrund«; zu Fuß durch die Unterführung der B 500, dem Wanderweg nach links folgen und die L 156 überqueren. Nach der Kreuzung dem Wander- und Radweg entlang der Freiburger Straße (B 500) folgen. Nach kurzer Zeit sieht man schon das Eingangsportal des Jägersteigs. | **Tipp** Im Ortsteil Blasiwald gibt es ein Modellbahnzentrum mit zwei großen Modellbahnanlagen, Kinderspielanlagen, Modellbahnshop, Cafeteria und Biergarten (www.modellbahn-schluchsee.de).

80 Die Arnikawiesen

Medizin aus der Natur am Rohrhardsberg

»Alle Wiesen und Matten, alle Berge und Hügel sind eine Apotheke«, schrieb der berühmte Arzt Paracelsus bereits im 15. Jahrhundert und bezog sich damit auf die Heilkraft der Wildpflanzen. Eine von diesen ist die Arnika oder arnica montanus, wie die Botaniker sie nennen. Klein, gelb und vom Aussterben bedroht ist das Pflänzchen, denn lange Zeit waren Wildsammlungen die Grundlage für Arnikasalben, -bäder und -tees. Doch auch Überdüngung und intensive Landwirtschaft gefährdeten die Pflanzenstandorte.

Am Rohrhardsberg im Mittleren Schwarzwald wurde deswegen unter dem Stichwort »Schützen durch Nützen« 1997 das 900. Naturschutzgebiet im Land Baden-Württemberg ausgewiesen. Gleichzeitig hat man mit der Landwirtschaft eine extensive Weidenutzung vereinbart. Steil und unwegsam sind die Flächen, deren Artenvielfalt durch bäuerliche Landnutzung auf nährstoff- und kalkarmen Böden entstand. Nur durch die Fortführung von Wiesennutzung und Beweidung kann dieser Lebensraum für Arnika, Zweizahn, Kleines Labkraut und viele weitere seltene Pflanzen und auch Tiere erhalten werden. Hier sind etwa der Kleine Feuerfalter oder der Gebirgsgrashüpfer zu nennen.

Genügsam und geländegängig sind die Vorderwälder Rinder von Landwirt Anton Hettich vom Schänzlehof, die hier die Offenhaltung der Landschaft und damit für den Erhalt dieser Arnikawiesen garantieren. Die Weitsicht und das ökologische Verständnis der Landwirte vom Schänzlehof eröffnen nun den Besuchern des Naturschutzgebietes Rohrhardsberg großartige Ausblicke in die Landschaft und Bergwiesen mit der seltenen Arnika, die sich hier übrigens wieder gut ausbreiten kann. Denn seit ein paar Jahren gibt es ein spezielles Programm, in dessen Rahmen die Pflanzen extra für die Herstellung von Naturheilprodukten angebaut werden, wodurch Wildsammlungen entfallen können. Sammeln wäre im Naturschutzgebiet sowieso nicht mehr möglich.

Adresse Schänzlehof 19, 78136 Schonach | **Anfahrt** Über die A 81 bis Ausfahrt Villingen-Schwenningen, weiter auf der B 27 und B 33 bis Abzweig Triberg und Schonach, weiter auf der L 109 Richtung Elzach bis zur Mühlenbühlbrücke mit Parkplatz kurz nach der 360-Grad-Kurve, weiter circa 3,5 Kilometer bis zum Wanderparkplatz Sauermatte; ab hier ausgeschilderter Fußweg. | **Tipp** Ein echtes Schwarzwälder Vesper gibt es im idyllisch gelegenen Gasthaus »Schwedenschanze« auf 1.148 Metern Höhe, das auch zum Schänzlehof gehört (www.schaenzle.com).

81 Das Blindenseemoor

Eiszeit wird wieder lebendig

Eine Moorlandschaft aus Binsen und Seggen, durchsetzt mit Moorkiefern – das Blindenseemoor ist ein lebendiges Eiszeitareal. Forscher haben herausgefunden, dass Moor und See vor 9.000 Jahren ihren Anfang nahmen. Oft zeigen sich Naturwunder im scheinbar ganz Gewöhnlichen.

Das Blindenseemoor liegt auf der Schönwälder Hochfläche zwischen Gutach- und Elztal auf etwa 1.000 Meter Höhe. Von Schonach führt ein Fahrweg herauf, der bis ans Moor reicht und sich als Holzsteg ins Moor hinein fortsetzt. Auffallend sind die Spirken – auch Bergkiefern oder Latschenkiefern genannt –, die fast flach am Boden wachsen. Man kennt sie eigentlich nur aus den Alpen. Daneben stehen Moorkiefern mit ihren langen Nadeln. Hier bilden sie einen urtümlichen, geradezu geheimnisvollen Wald, zusammen mit Wollgräsern und Seggen, Binsen und Moosbeeren – allesamt seltene Moorspezialisten. Die Moosbeere etwa ist eine Heidelbeerverwandte. Die Stängel des etwa 80 Zentimeter hohen Busches kriechen mehr am Boden entlang, als dass sie aufrecht wachsen. Die Blüten zeigen sich rosafarben, die reifen Beeren dann tiefrot. Die harten, ledrigen Blätter sind die einzige Nahrungsquelle für die Raupen des Hochmoorperlmuttfalters. Dieser seltene Schmetterling braucht diese Pflanze also zum Überleben! Naturwunder hängen oft von solch simplen Zusammenhängen ab.

Über den Bohlenweg sollte man unbedingt bis zum Blindensee gehen. Das Wasser ist moorig und dunkel. Die Tiefe scheint geheimnisvoll und unergründlich. Lange Zeit rätselten Fachleute über die Entstehung des Sees, denn sie fanden weder Anzeichen von Torfabbau noch handelt es sich um einen Restsee des langsam verlandenden Moores. Heute nimmt man an, dass seine Entstehung mit dem Abrutschen eines Hangmoores zusammenhängt. Klingt kompliziert, ist es auch. Das Ergebnis ist aber ein verwunschener Moorsee, der eine einzigartige Anziehungskraft besitzt.

Adresse bei 78136 Schonach | **Anfahrt** A 5 bis Ausfahrt Freiburg-Nord, weiter auf B 294 bis Elzach, Landstraßen über Prechtal nach Schonach. Zwei Kilometer westlich von Schonach an der Straße ins Elztal befindet sich die Wilhelmshöhe (Wanderparkplatz). Von dort folgt man der roten Raute des Westwegs. | **Tipp** In St. Georgen kann man das legendäre Deutsche Phonomuseum besichtigen. Es zeigt alle technischen Feinheiten und deren Umsetzung (Bärenplatz 1, 78112 St. Georgen, Tel. 07724/8599138, geöffnet Di–So 11–17 Uhr).

82___Der Findling von Schönau

Lonely Stone …

Einsam liegt der Granitbrocken am Hangweg hinter dem letzten Wohnhaus des Weilers. Fünf Meter breit, drei Meter lang und vier Meter hoch. Wer hat ihn hier abgelegt? Über die Herkunft informiert eine Tafel mit folgender Inschrift: »Durch einen Rieseneisstrom verfrachtet, lag dieser Granitblock unbeachtet Jahrtausende da, bis einer kam, der ihn genau in Augenschein nahm. Der Felsblock, rief er hochentflammt, ist ja geschliffen und geschrammt! Er soll als gewaltig Naturdenkmal, hoch über dem einst vergletscherten Tal, von keiner Menschenhand entweiht, Trotz bieten allen Stürmen der Zeit.«

Verfasst hat diese Worte der Heimatforscher August Göller (1878–1965), der sich der Gletscherforschung verschrieben hatte und viele glaziale Besonderheiten für die Nachwelt beschrieb. Er hatte an dem Granitblock Spuren des Eistransportes wiedererkannt. Heute sagt man zu solch glazialen Einzelerscheinungen Findling. Die Spurensuche war seine Leidenschaft. Im Wiesental ist er an vielen Stellen auf Gletscherschrammen gestoßen.

Doch wie funktioniert der Gesteinstransport per Gletscher genau? Es war ein ganzes Konglomerat an großen und kleinen Steinen und dazwischen viel Gesteinsschutt, das der Gletscher mit sich führte. Man nennt dies Gletschermoränen. In tieferen Lagen wurde das Material dann abgelagert. Das Eis taute ab, die kleineren Steine und der Gesteinsschutt wurden weitertransportiert, aber der größte und schwerste Brocken blieb liegen. Und das schon vor 10.000 Jahren.

Findlinge als Zeugen der letzten Eiszeit gibt es in allen ehemals vergletscherten Gebieten: Einst reichte das Eis der Alpengletscher bis zur Donau, das der skandinavischen Gletscher bis zur Elbe. Deshalb sind solche Brocken, denen oft Namen und Geschichten zugeschrieben wurden, öfter zwischen Alpen und Donau oder etwa an der Ostsee und ihrem Hinterland zu finden.

Adresse 79677 Schönau | **Anfahrt** A 5, Ausfahrt Freiburg-Mitte, B 31 bis Kirchzarten, Landstraße über Todtnau nach Schönau; von der Stadtmitte über Tunau und Bischmatt zur kleinen Siedlung Michelrütte; der Granitblock liegt circa 300 Meter am Hangweg hinter dem letzten Haus. | **Tipp** Wer Lust hat, sein Handicap zu verbessern, ist auf der landschaftlich wunderschön gelegenen Golfanlage zwischen Schönau und Schönenberg genau richtig. Neun Bahnen umfasst die Gesamtanlage (Schönenberger Str. 17, www.golfschoenau.de).

83 Die Gletscherspuren

Zurück in die Eiszeit

Unglaublich, aber wahr: Schönau lag vor rund 10.000 Jahren unter einem 70 Meter dicken Eispanzer. Eiszeitforscher haben es herausgefunden: Während der letzten Eiszeit erstreckte sich ein mächtiger Gletscher vom Feldberg ins Wiesental. 21 Kilometer lang soll er gewesen sein. Die Größe des einstigen Feldberggletschers entspricht der Ausdehnung des heutigen Alteschgletschers in den Schweizer Alpen.

Nun ist das Eis längst abgeschmolzen und der Gletscher oder vielmehr dessen Wasser längst talabwärts geflossen. Doch was man noch erkunden kann, sind die Schleifspuren dieses mächtigen Eispanzers, die auch den Gletscherforschern wichtige Hinweise gaben und geben. Rillen und Schrammen an der Felsoberfläche sind etwa solche Hinweise. Überdauern konnten diese feinen Strukturen aber nur unter Geröllschichten, die durch die Erosion peu à peu abgetragen wurden, wodurch die Gletscherrillen zum Vorschein kamen. Jetzt sind sie sichtbar und selbst der Verwitterung preisgegeben.

Einer, der in Schönau akribisch die mehr als 10.000 Jahre alten Rillen und Schrammen des Eises studierte, war der Lehrer und Heimatforscher August Göller in den 1930er Jahren. Als Mitglied der »Naturforschenden Gesellschaft Freiburg« dokumentierte er viele seiner Ergebnisse. Den schönsten Gletscherschliff, den Lötzbergschliff an der westlichen Talflanke von Schönau, ließ er am Schlageter-Denkmal überdachen. Damit konnte die Witterung den feinen Rillen nichts mehr anhaben. So können alle an diesem Naturwunder Interessierten es heute noch bestaunen.

Wissenschaftler bezeichnen solche Gletscherschliffe als Detersion und meinen damit die abschleifende Tätigkeit des Eises und des mitgeführten Gesteinsschutts am Untergrund. Damit reiht sich der Lötzbergschliff ein in die Vielzahl von Gletscherschliffen, die es überall gibt, wo das Eis die Landschaft überformt hat.

Adresse bei 79677 Schönau | **ÖPNV** RB Richtung Neustadt bis Kirchzarten; Umsteigen in SBG-Bus 7215 Richtung Todtnau bis Todtnau; Umsteigen in SBG-Bus 7300 Richtung Zell i.W. bis Schönau und zu Fuß bis zum Schlageter-Denkmal. | **Anfahrt** A 5, Ausfahrt Freiburg-Mitte, B 31 bis Kirchzarten, Landstraße über Todtnau nach Schönau; in Schönau an der Kirche in die Talstraße einbiegen, über Felsenweg und Lötzbergstraße (Sackgasse) zum Schlageter-Denkmal. Nach der Schranke circa 200 Meter bis zum Schlageter-Denkmal gehen. An der östlichen Seite ist eine eiserne Tür, welche den Gesteinsbrocken mit den Gletscherspuren beherbergt. | **Tipp** Genießen Sie die traditionelle Wiesentäler Küche mit ihren ausgezeichneten regionalen Produkten im Gasthaus Tanne in Tunau (www.tanne-tunau.de).

84___Das Waldvieh von Schönau
Kuh auf der Roten Liste?

In der Stuttgarter Wilhelma gibt es sie, im Zoo Hellabrunn in München kann man sie anschauen und auch im Berliner Zoo. Aber eigentlich kommen die Hinter- und Vorderwälder Rinder aus dem Südschwarzwald. Dass man sie jetzt schon im Zoo besichtigen kann, heißt ja, dass sie eine Rarität geworden sind. In der Tat steht das sogenannte »Waldvieh« auf der Roten Liste der gefährdeten Nutztierrassen in Deutschland.

Vorder- und Hinterwälder unterscheiden sich nur durch ihre Größe. Die Hinterwälder sind die kleinste Rinderrasse in Mitteleuropa und waren ursprünglich nur in den kargen Lagen des Hochschwarzwaldes verbreitet. Genügsamkeit und Robustheit waren die wichtigsten Eigenschaften dieser Tiere. Heute ist diese leichte Rinderrasse der wichtigste Helfer bei der Offenhaltung der Landschaft. Sie kommt am besten mit dem steilen Gelände und dem kühlen Klima zurecht. Kulturwissenschaftler und Landschaftsökologen sind sich einig, dass die Wälderrinder die Landschaft im Südschwarzwald mit geprägt haben – ohne sie gäbe es die offenen Weidfelder mit ihrer vielfältigen Pflanzenwelt, etwa am Belchen, nicht. Auch die verbissenen Weidbuchen, die teilweise ein skurriles Aussehen haben, sind ihr Werk (s. Seite 182). Außerdem liefern sie typische Schwarzwälder Produkte wie echte Heumilch, Butter, Quark und Käse. Sie sind also richtige Macher und trotzdem in Gefahr?

Das hängt leider mit der fehlgesteuerten EU-Agrarpolitik zusammen – vor Ort sind die Tiere eigentlich unabkömmlich. Und für den Tourismus auch. Der ist vielleicht ihre Chance. »Auf Du und Du mit der Schwarzwaldkuh« soll Werbung machen für Familienerlebnisurlaub auf Schwarzwaldhöfen, die Hinter- und Vorderwälder Rinder halten. Der Werbung für diese Tierasse, aber auch der Zucht hat sich der in Schönau ansässige Förderverein Hinterwälder e.V. verschrieben. Dort findet auch zweimal im Jahr der Hinterwälder Zuchtviehmarkt statt.

Adresse 79677 Schönau | **ÖPNV** Ab dem Badischen Bahnhof Basel mit SBB 87818 nach Zell im Wiesental (Bahnhof), dann umsteigen in SBG-Bus 7300 Richtung Titisee bis nach Schönau. | **Anfahrt** Über die A 5 Karlsruhe–Basel bis Ausfahrt Bad Krozingen, dann weiter über die L 123 bis Schönau. Hinterwälder grasen überall auf den Weiden rund um Schönau und der weiteren Umgebung, und man begegnet ihnen fast auf jeder Wanderung. | **Tipp** Der Weidepark in Schopfheim–Gersbach informiert über Rinderzucht und Rinderrassen. Der 33 Hektar große Park beherbergt einheimische Arten, aber auch Exoten. Er liegt direkt am Ortseingang von Gersbach.

85_Der Belchen

Spieglein, Spieglein …

Wer ist der Schönste im Schwarzwaldland? Nein, kein Prinz, sondern ein Schwarzwaldgipfel. Da ist man sich offensichtlich einig: Es ist der Belchen als besonderer Berg unter den Bergen mit seinen 1.414 Meter Höhe.

Vermutlich leitet sich der Name »Belchen« vom keltischen »Belanus« (der Strahlende, der Weißhaarige) ab. Vielleicht ist es auch eine Anspielung auf die weithin sichtbare kahle Gipfelfläche? Oder krönte den Gipfel einst eine heilige Stätte? Interessant ist sicherlich auch, dass es sowohl im Schweizer Jura als auch im Elsass einen Belchen gibt. Verbindet man gedanklich ihre Gipfel, ergibt sich ein nahezu rechtwinkliges Dreieck! Zufall? Da kann noch reichlich Forschungsarbeit betrieben werden.

Zusammen mit dem Schauinsland und dem Feldberg bildet der Belchen eine große, zusammenhängende Gneisscholle. Granite und Gneise sind die vorherrschenden Gesteine im Südschwarzwald. Mehr als 1.000 Jahre wurde hier Bergbau betrieben, insbesondere die Silbervorkommen hatten es unseren Vorfahren angetan. Seit 1949 steht die Gipfelregion mit einer Fläche von 582 Hektar unter Naturschutz. Im Jahr 1993 wurde das Schutzgebiet auf 16 Quadratkilometer erweitert.

Borstgrasrasen, Flügelginsterweiden, Buchenmischwälder, natürliche Fichtenwälder, Kare, Blockhalden, Felsen, Fließgewässer, Flach-, Hoch- und Quellmoore ergeben das vielfältige Landschaftsmosaik, das für den Südschwarzwald so typisch ist. Es gibt zahlreiche seltene und meist gefährdete Pflanzenarten wie Schweizer Löwenzahn, die lilafarbene Scheuchzers Glockenblume, Katzenpfötchen oder Arnika. Nicht selten sind die Pflanzen Relikte aus der Eiszeit – also pflanzliche Wunder der Eiszeitnatur. Aber auch die Tierwelt ist etwas Besonderes: Vogelarten wie der seltene Bergpieper, die Zippammer oder der Dreizehenspecht und das vom Aussterben bedrohte Auerhuhn sind Beweis genug.

Adresse bei 79677 Schönau-Aitern | **ÖPNV** Der Belchenbus vom Bahnhof Münstertal und aus Schönau direkt zur Talstation. Mit dem im Bus erhältlichen, attraktiven Kombi-Ticket »Bus + Seilbahn« (nur aus dem Wiesental) bequem hinauf bis zum Belchengipfel. | **Anfahrt** A 5 bis Ausfahrt Bad Krozingen, Landstraße über Staufen nach Münstertal und weiter Richtung Schönau bis zur Passhöhe Wiedener Eck, dann Richtung Belchen abbiegen, bis zur Talstation der Belchenbahn. Ab hier kann auf den Belchen gewandert oder die Bergbahn genommen werden. | **Tipp** Um das Naturschutzgebiet Belchen umfassend zu erkunden, bietet es sich an, sich im Belchenhaus, Am Belchen, 79677 Schönenberg, ein paar Tage einzumieten (www.belchenhaus.de).

86___Der Sperlingskauz
Das bisschen Eule

»Ach, ist der süß«, sagt die kleine Anna und streichelt einem Sperlingskäuzchen aus Plüsch übers Fell. Den gibt's im Nationalparkzentrum am Ruhestein, denn der Vogel ist das Maskottchen des Nationalparks. Den echten Sperlingskauz kann man allerdings in der wilden Natur aufspüren. Er ist auch in anderen Naturschutzgebieten mit naturnahen Wäldern im Schwarzwald zu Hause, so etwa im Naturschutzgebiet Belchen. Auf einer Wanderung durch die Wälder des Naturschutzgebietes kann man ihn mit etwas Glück erspähen. Er ist nicht sonderlich scheu, und so sind die Chancen doch gut, dieses possierliche Käuzchen zu Gesicht zu bekommen. Die nur 70 Gramm schweren Kleineulen jagen hauptsächlich in der Dämmerung. Nachts sind dann die großen Eulen dran.

Das Käuzchen ist kaum größer als ein Spatz oder eine Kinderfaust und lebt bevorzugt in verlassenen Spechthöhlen. Hier sind die Jungen sicher vor dem Marder. Ein untrügliches Zeichen, dass die Spechthöhle von einer Eule bewohnt wird, ist ein kleiner Haufen aus Gewöllen und Nahrungsresten am Stammfuß. Dieser »Müll« wird vom Weibchen regelmäßig aus der Höhle geschafft. Es bebrütet bis zu sechs Eier, das Männchen sorgt für Nahrung. Waldspitzmäuse, Rötelmäuse und Erdspitzmäuse, also Kleinsäuger, stehen auf dem Speiseplan. Aber auch größere Vögel werden mitunter erbeutet.

Interessant ist die Nahrungsbevorratung dieser kleinen Eule. Die geschlagene Beute wird in separaten Baumhöhlen aufbewahrt. Muss sie dann im Winter zum Füttern aufgetaut werden, geschieht das unter dem Bauchgefieder. Normalerweise werden hier die Jungvögel vor schlechtem Wetter geschützt, aber wo es warm ist, taut auch das Essen auf.

Sperlingskäuze sind die kleinsten europäischen Eulen und können bis zu sieben Jahre alt werden. Als »Eiszeitrelikt« trifft man auf den Sperlingskauz erst ab einer Höhe von 600 Metern.

Adresse zum Beispiel am Belchen bei 79677 Schönenberg | **ÖPNV** Belchenbus vom Bahnhof Münstertal und aus Schönau direkt zur Talstation. Von dort geht es auf ausgeschilderten Pfaden durch wunderschöne Wälder zum Gipfel. | **Anfahrt** Über die A 5, Abfahrt Bad Krozingen, weiter Richtung Staufen und Münstertal bis zur Passhöhe Wiedener Eck und von dort den Schildern »Belchen-Seilbahn« folgen. | **Tipp** Für den Abstieg kann man die Belchenbahn nehmen und auf der Gondelfahrt die einzigartige Aussicht auf den Schwarzwald genießen. Die Seilbahn ist täglich von 9 bis 17 Uhr in Betrieb.

87__Der Weidbuchenpfad
Bizarre Schönheiten am Hang

Knorrig, riesig und bizarr sind die Weidbuchen im Südschwarzwald. Ihre Äste sind wie wilde Arme, die Bäume stehen meist windschief am Hang. Ihr Stamm gliedert sich in viele Einzelbäume, oft miteinander verwoben und wild verwachsen. Ihre eigenwilligen Formen sind das Ergebnis von Wind und Wetter, Viehtritt und dem Verbiss der Weidetiere – die Hinterwälder Rinder fressen gerne frisches, weiches Blattgrün und junge Triebe. Die Buchen reagieren ihrerseits mit Neuaustrieb, verstärkter Verzweigung und verstärktem Wuchs in Breite und Höhe. »Kuhbüsche« sagen die Einheimischen zu solchen Bäumen. Sie wachsen nur langsam, denn sie müssen einen Teil ihrer Kraft immer wieder in den Neuaustrieb stecken. So können Bäume, die nur zwei Meter hoch sind, schon gut und gerne 40 Jahre alt sein. Irgendwie erinnern sie an Bonsaibäume. Erst wenn die vielen Stämmchen so breit sind, dass das Maul der Kühe nicht mehr an alle Stellen herankommt, kann die Buche in die Höhe wachsen, und aus dem »Kuhbusch« wird ein »richtiger« Baum. Andere Buchen sind da schon 20 bis 30 Meter hoch. Auch der Stammumfang dieser Weidbuchen ist – alle Austriebe zusammengenommen – bemerkenswert, bis zu sieben Meter sind keine Seltenheit.

Mit etwa 250 Jahren auf dem Buckel haben dann auch die Weidbuchen ihr Lebensalter erreicht. Sie brechen auseinander. Während das Ende des Baumes erreicht ist, beginnt neues Leben in seinem Totholz. Holzwespen, Spechte und andere Totholzbewohner und Totholznutzer erobern den Lebensraum. Jetzt geht es darum, junge Weidbuchen zu fördern. Das geht nur mit fachgerechter Pflege der Weidfelder und einem nachhaltigen Konsum. Sprich, dem Kauf und Konsum von Hinterwälderfleisch von den Direktvermarktern im Schwarzwald. Nur so bleibt ein einzigartiges Natur- und Kulturensemble erhalten.

Weidbuchen in ihrer schönsten Form kann man auf dem Weidbuchenpfad bei Schönenberg erleben.

Adresse 79677 Schönenberg | **Anfahrt** A 5 bis Ausfahrt Freiburg-Mitte, auf der B 31 weiter bis Hinterzarten, auf der B 317 Richtung Lörrach weiter bis Schönau, auf der K 6306 nach Schönenberg, über die Belchenstraße und den Wasserhochbehälter zum Parkplatz Stuhlebene fahren. Der etwa fünf Kilometer lange Rundkurs beginnt und endet am Parkplatz Stuhlebene in Schönenberg. | **Tipp** Im Ortsteil Fröhnd kann man Klopfsägen im Originalzustand besichtigen – ein wichtiges Utensil aus alten Zeiten (geöffnet Mai – Okt. So und feiertags 10 – 12 und 14 – 17 Uhr oder nach Vereinbarung unter Tel. 07673/332).

88_Der Eichener See

Ein See ohne Wasser

Kommt man zur falschen Zeit, sucht man ihn vergebens: Nur wenn der Grundwasserspiegel hoch ist, ist der Eichener See auch ein richtiger See. Er befindet sich am Dinkelsberg, einem dem südlichen Schwarzwald vorgelagerten Muschelkalkplateau. Die landschaftlichen Übergänge sind hier fließend, der geologische Untergrund ist ein ganz anderer. Die Löslichkeit und Klüftigkeit des Oberen Muschelkalkes machen den Süd-, aber auch den Ostabfall des Dinkelsbergs (zum Flüsschen Wehra hin) zu einer Karstlandschaft. Hier stößt man immer wieder auf Höhlen, Dolinen, Karstquellen und Schlucklöcher.

Wenige Tage bis mehrere Monate bildet sich der Eichener See in einer Karstwanne. Nein, vorhersagen, wann es so weit ist, kann man das nicht. Somit ist er ein Naturwunder auf Zeit. Wenn der See da ist, erreicht er einen maximalen Pegelstand von drei Metern und eine Fläche von etwa zwei Fußballfeldern. Fachleute sprechen von einem episodisch auftretenden Dolinensee. Doch wie entsteht eigentlich ein solcher See? Dazu braucht es kohlensäurehaltiges Wasser, welches den Kalkstein quasi auflöst und ihn in Wasser gelöst abtransportiert. So entstehen Hohlräume im Untergrund, die irgendwann einbrechen oder absinken und an der Oberfläche Mulden oder Trichter, Dolinen eben, entstehen lassen.

Und wohin geht das Wasser des Eichener Sees? Das ist bis heute ein Geheimnis der Natur, die karsthydrologischen Zusammenhänge sind noch nicht vollständig geklärt. Vermutet wird ein Abfluss in Richtung Dossenbach und eine Verbindung zur Dossenbacher Höhle. Untersuchungen haben ergeben, dass es keine Verbindung zum Schwarzwald gibt.

Wenn der See gerade mal nicht da ist, bieten Flora und Fauna des Dinkelbergs auch Besonderheiten. In den bewaldeten Gebieten gibt es etwa den seltenen Schneeballblättrigen Ahorn oder den Lorbeer-Seidelbast.

Adresse bei 79650 Schopfheim | **Anfahrt** B 518 Richtung Wehr fahren. Nach circa 1 Kilometer liegt ein kleiner, unscheinbarer Parkplatz rechts neben der Straße. Von dort sind es etwa 800 Meter bis zum See, sofern er da ist. | **Tipp** Ein Besuch in Lörrach ist empfehlenswert. Ein Höhepunkt des kulturellen Lebens der Stadt ist das alljährlich im Juli stattfindende internationale Gesangsfestival STIMMEN. Es verwandelt seit 1994 Lörrach einen Monat lang in ein Zentrum der Gesangskunst und bringt mediterranes Flair in die Stadt (www.stimmen.com).

89__Die Weidfichte im Windkapf

Fichte auf der Weide?

Es ist schon ein ungewöhnlicher Anblick: Die einzeln stehende Fichte auf einer Wiese im Gewann »Windkapf«. Doch dieser Standort ist mit Sicherheit ausschlaggebend dafür gewesen, dass sie so ist, wie sie ist: groß, breit und mächtig.

Mehrere Superlative kann der Baum auf sich vereinigen: Er ist die älteste Fichte Deutschlands – 280 Jahre alt soll er sein – und mit seinen 6,3 Meter Stammumfang (auf 1,30 Meter Höhe) auch die dickste. Da er frei auf nährstoffreichem Untergrund steht und ausreichend mit Wasser versorgt wird, hatte dieser Baum alle Möglichkeiten, sich gut zu entwickeln. Ab einer Höhe von etwa zwei Metern ist er mehrfach gezwieselt. Das bedeutet, dass sich durch Wildtier- oder Weidetierverbiss mehrere Stämme ausgebildet haben. Der Name »Weidfichte« deutet eher darauf hin, dass es Weidetiere gewesen sind, die immer wieder an dem Baum herumgenagt haben. Seine Einzigartigkeit war auch der Grund, ihn bereits 1950 als Naturdenkmal auszuweisen. Naturdenkmale sind naturschutzrechtlich gesehen Einzelschöpfungen der Natur wie besondere Felsen oder markante Bäume.

Fichten werden auch Rottannen genannt. Im Gegensatz zur Weißtanne sind die Zweige mit sehr stacheligen Nadeln besetzt. So kann man beim »Nadeltest« leicht feststellen, ob es sich um eine Fichte oder eine Tanne handelt. Ein zweites sicheres Unterscheidungsmerkmal sind die Zapfen. Während die Fichtenzapfen nach unten hängen, stehen die Zapfen der Weißtanne aufrecht. Die Fichte ist der »Brotbaum der Forstwirtschaft« und wird an vielen Stellen gepflanzt. Ihre natürliche Verbreitung hat sie eigentlich erst ab einer Höhe von 800 Metern in luftfeuchten und winterkalten Gegenden. Im Schwarzwald sind viele Fichten angepflanzt. Auf schweren, staunassen Böden entwickeln sie jedoch ein flaches, tellerförmiges Wurzelsystem. Dadurch sind Fichten in exponierten Lagen windwurfgefährdet.

Adresse 78144 Schramberg–Tennenbronn | **Anfahrt** Von der A 81, Ausfahrt Rottweil, über die B 462 nach Schramberg, weiter Richtung Hornberg–Reichenbach, von dort auf der K 5362 Richtung Langenschiltach. Im Bereich Windkapf steht die Weidfichte direkt an der Straße. | **Tipp** Ein Besuch in Hornberg und dem Hornberger-Schießen-Weg: Die Redensart »Es geht aus wie das Hornberger Schießen« ist bekannt. Was dahintersteckt, kann man auf diesem Themenweg (barrierefrei) von der Stadtmitte bis hoch zum Hornberger Schloss auf unterhaltsame Weise erleben. Der Schlossberg belohnt mit einem tollen Ausblick auf die Stadt. Ferner gibt es eine Multimedia-Präsentation zum berühmten »Hornberger Schießen«.

90__Der Bannwald Wilder See

Totholz und Zitronengelbe Tramete

Ein knallgelber Pilz ließ die Fachwelt jubeln. Im Bannwald am Wilden See – Teil des 2014 gegründeten Nationalparks Schwarzwald – stießen Fachleute auf die zitronengelbe Tramete (Antrodiella citrinella). Was für ein Name! Allerdings haben Pilze öfter etwas sonderliche Namen. Der Pilz ist ein leuchtender Porling, das ist eine Pilzart mit fächerähnlicher Gestalt, und für den Schwarzwald eine kleine Sensation. Vermutlich ist er schon länger im Gebiet zu Hause, existiert doch der Bannwald – ein Naturtotalreservat – bereits seit 1911 am Wilden See. Wichtig ist der Pilz etwa als Bioindikator. Das heißt, er zeigt die Naturnähe des Gebietes an – nur in naturnahen Wäldern mit hohem Totholzanteil kommt er vor. Er braucht totes Fichtenholz zum Leben, aber auch die Gesellschaft des Rotrandigen Baumschwammes. Ökologie kann ziemlich kompliziert sein. Aber man muss ja nicht alles wissen, sondern kann sich einfach an der Schönheit der Natur erfreuen.

Wer mit wachsamem Blick durch den Bannwald wandert, findet die Naturwunder fast von alleine. Der Tannenstachelbart ist auch so ein seltener Pilz. Er »klebt« am Baumstamm und sieht aus wie ein großporiger Schwamm.

Seit Herbst 2014 erkunden Pilzforscher den Nationalpark. »Es gibt 1,5 Millionen Pilzarten, und von denen sind erst etwa 100.000 beschrieben«, erläutert der Karlsruher Pilzforscher Scholler in der Badischen Zeitung. Doch wozu sind Pilze eigentlich gut? Sie können helfen, auf negative Entwicklungen aufmerksam zu machen. »Viele Pilze reagieren hochsensibel auf Umweltveränderungen«, sagt Scholler. Manche der seltenen Pilzarten im Nationalpark könnten auch für die Pharmaindustrie interessant sein. Vielfach ist ihr Wirkstoffgehalt aber noch nicht untersucht. Man denke nur an die Entdeckung des Penicillins: Das war ein eher lästiger Brotschimmelpilz, und heute ist das Penicillin aus der modernen Medizin nicht mehr wegzudenken.

Adresse bei 77889 Seebach | **ÖPNV** S-Bahn-Linie 41 »Murgtalbahn«: Von Karlsruhe (Bahnhofsvorplatz) nach Freudenstadt; Weiterfahrt mit den Buslinien F11 und 21 in Richtung Ruhestein. Der Bannwald ist vom Parkplatz Ruhestein ausgeschildert. | **Anfahrt** Von der A5 kommend bis zur Ausfahrt Achern, dann auf der L87 bergan in Richtung Baiersbronn und der Ausschilderung zum Nationalparkzentrum folgen. Von dort ist der Weg zum Bannwald Wilder See ausgeschildert. | **Tipp** Eine der schönsten Mühlen im Schwarzwald ist Vollmers Mühle in Seebach / Grimmerswald. Die restaurierte und über 250 Jahre alte Mühle ist zugleich kulturhistorisch und touristisch interessant (www.vollmersmuehle.de).

91__Der Fichtenkreuzschnabel
Ein Exot im Fichtenwald

Vögel, die im Winter brüten, gibt's das? Normalerweise beginnen in unseren Breiten die Vögel mit dem Brut- und Fortpflanzungsgeschäft ab Ende März. Ganz anders der Fichtenkreuzschnabel, der auch in den Fichten- und Tannenwäldern des Schwarzwaldes anzutreffen ist. Er brütet zwischen Dezember und März, also zu jener Zeit, in der die Fichtenzapfen sich öffnen und ihre Samen – seine Hauptnahrungsquelle – freigeben. Die Brutsaison dieses Vogels ist also von der Reife der Fichtensamen abhängig, mit denen er seine Jungen füttert. Für dieses Brutgeschäft bauen sich die Vögel dickwandige, gut gepolsterte Nester in den Baumwipfeln. Dort bebrüten sie bei Temperaturen um 20 Grad unter null ihre Eier.

Ab und zu verraten herabfallende, offene Zapfen die Anwesenheit der Fichtenkreuzschnäbel in den Baumwipfeln. Also Augen auf, wenn man durch solche Waldstücke kommt. Typische Kennzeichen dieser zu den Finken gehörenden Vögel sind der gekreuzte Ober- und Unterschnabel, das ziegelrot gefärbte Gefieder der Männchen, die gelblich-grüne Farbe der Weibchen und die papageienartigen Bewegungen. Der ungewöhnliche Schnabel hilft dem Vogel nicht nur beim Klettern, sondern auch, um an seine Nahrung heranzukommen. Dazu hängt sich das Tier zunächst an die fetthaltigen Fichtensamen, steckt die gekreuzten Schnabelspitzen unter die Schuppe, spreizt sie ab und holt mit der Zunge den Samen heraus. Die perfekte Strategie! Nicht immer gibt es genügend Futter, sodass die Vögel zu einem unsteten Leben gezwungen sind. Manche bezeichnen sie als »Zigeunervögel«, weil sie kein fest umgrenztes Brutgebiet haben.

Gibt es mal gar keine Fichtenzapfen, beobachtet man Fichtenkreuzschnäbel in den Obstwiesen der zum Rheintal abfallenden Schwarzwaldhänge, wo sie unter den Bäumen liegende Äpfel aufpicken, um an die Kerne zu gelangen. Was für faszinierende Tiere und Wunder der Natur!

Adresse 77889 Seebach/Ruhestein | **ÖPNV** Mit dem RE bis Bühl, weiter mit dem Bus 245 und 263 zur Schwarzwaldhochstraße bis Haltestelle Schliffkopfhotel. | **Anfahrt** Über die A 5 bis Abfahrt Achern, weiter über die L 87 bis zur Schwarzwaldhochstraße (B 500) Richtung Kniebis/Freudenstadt bis zum Schliffkopfhotel/Parkplatz. Von dort zu Fuß weiter. | **Tipp** Um Vögel zu beobachten, sollte man immer ein Fernglas dabeihaben. Neben den Fichtenkreuzschnäbeln kann man in Nadelwäldern auch Hauben- und Tannen-meisen entdecken oder aber die Wintergoldhähnchen, die ganz eigenartige Hängenester bauen. Hilfreich ist auch eine Vogelstimmen-App.

92 Das Grab des Geheimrates

Ein Tässchen Mokka zum Geburtstag

Der Herr Geheimrat Euting (1839–1913) war schon ein ganz besonderer Mensch. Zum einen war er Orientforscher, Sprachforscher und Direktor der Universitäts- und Landesbibliothek Straßburg, zum anderen wollte er nach seinem Tod am Ruhestein begraben werden. Warum das denn?

Alles der Reihe nach. Euting war nämlich auch ein großer Förderer des Schwarzwaldvereins. Unzählige Male weilte er in dem kleinen Wirtshaus des Ehepaars Klumpp am Ruhestein. Er durchstreifte die urwüchsige Natur und überlegte, wie er diese auch anderen Menschen zugänglich machen könnte. Verdient gemacht hat er sich durch die Erschließung der Gegend um den Ruhestein mit Wanderwegen. Und dann holte er alles, was Rang und Namen hatte, aus der Umgebung und weit darüber hinaus hinauf auf den Ruhestein, um die Ruhe und die unberührte Natur seines kleinen Paradieses zu vermitteln. Kein Wunder, dass man ihn liebevoll auch den Ruhesteinvater nennt. Kein Wunder, dass er dort seine letzte Ruhe finden wollte – an seinem Ruhestein.

Der Punkt war von ihm bestens ausgewählt: Der Blick auf den Wilden See ist hier atemberaubend schön. 125 Meter unterhalb liegt dieser Karsee, eingebettet in die wilde Natur des Schwarzwaldes. Auf einem steilen Pfad kann man in der Karwand hinabsteigen. Farne, Totholz mit seltenen Pilzen, knorrige alte Tannen, Kiefern, Fichten und Buchen geben dem Wald etwas Archaisches. Jetzt ist man eins mit der Natur. Kein Autogeräusch stört. Nur das Summen und Brummen der Insekten oder der Ruf des Schwarzspechtes dringt an das Ohr. Gut gewählt, Herr Euting! Am 11. Juli, dem Geburtstag des Herrn Geheimrates, wird am »Wildseeblick«, also dem Euting-Grab, ein Tässchen arabischer Mokka ausgegeben. So hat er es in seinem Testament verfügt. Dieses Ritual ist nun zur Tradition geworden. Neben dem Geburtstagsmokka gibt es Geschichten über Herrn Euting und dessen Arbeiten im Schwarzwald und im Orient.

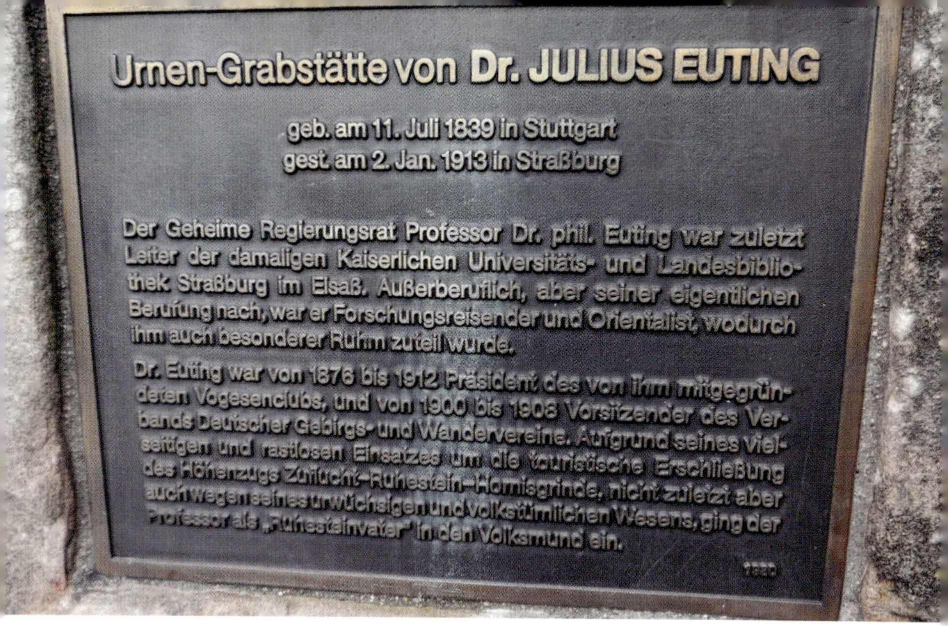

Urnen-Grabstätte von Dr. JULIUS EUTING

geb. am 11. Juli 1839 in Stuttgart
gest. am 2. Jan. 1913 in Straßburg

Der Geheime Regierungsrat Professor Dr. phil. Euting war zuletzt Leiter der damaligen Kaiserlichen Universitäts- und Landesbibliothek Straßburg im Elsaß. Außerberuflich, aber seiner eigentlichen Berufung nach, war er Forschungsreisender und Orientalist, wodurch ihm auch besonderer Ruhm zuteil wurde.

Dr. Euting war von 1876 bis 1912 Präsident des von ihm mitgegründeten Vogesenclubs, und von 1900 bis 1908 Vorsitzender des Verbands Deutscher Gebirgs- und Wandervereine. Aufgrund seines vielseitigen und rastlosen Einsatzes um die touristische Erschließung des Höhenzugs Zuflucht-Ruhestein-Hornisgrinde, nicht zuletzt aber auch wegen seines urwüchsigen und volkstümlichen Wesens, ging der Professor als »Ruhesteinvater« in den Volksmund ein.

1920

Adresse 77889 Seebach / Ruhestein | **ÖPNV** S-Bahn-Linie 41 »Murgtalbahn«: von Karlsruhe (Bahnhofsvorplatz) nach Freudenstadt; mit Buslinien 21 oder F 11 zum Ruhestein. | **Anfahrt** Von der A 5 kommend bis zur Ausfahrt Achern, dann auf der L 87 bergan in Richtung Baiersbronn und der Ausschilderung zum Nationalparkzentrum folgen. Vom Parkplatz ist der Weg ausgeschildert. | **Tipp** Das benachbarte Baiersbronn ist nicht nur Heimat von Sterneköchen, sondern bietet auch außerhalb der Sterneküche in vielen Gasthäusern eine besondere Vielfalt regionaler und lokaler Spezialitäten. Je nachdem, wonach einem der Sinn steht, sollte man in eines der unzähligen Lokale einkehren und sich den Schwarzwald auf der Zunge zergehen lassen.

93___Die Hornisgrinde
Lange geschundene Natur

Der höchste Gipfel im Nordschwarzwald hatte lange militärische Bedeutung. Beobachtungsstützpunkt der Deutschen Wehrmacht im Zweiten Weltkrieg, militärisches Sperrgebiet der Franzosen bis 1996. Danach nutzten ihn die Deutsche Telekom, der Südwestrundfunk und Windkraftbetreiber. Erst seit 2014 gehört die Hornisgrinde als bedeutender Teil des Grindenschwarzwaldes zum neuen Nationalpark Schwarzwald. Über den Namen haben schon viele gerätselt. Vermutlich ist er aus Horn-mis-grinde entstanden, was so viel bedeutet wie wenig bewachsener, moosiger Bergrücken (mis = moorig, grinde = kahl) oder im Volksmund einfach »Kahler Kopf«.

Die waldfreien Gipfellagen der Hornisgrinde sind nicht groß. »Wie eine kleine Inselwelt im großen Waldmeer« werden sie in der Broschüre der Naturschutzverwaltung beschrieben. Bezogen auf die Vogelwelt da oben könnte man auch von Trittsteinen im Vogelzug sprechen. Die Grinden sind Rastplätze für eine Reihe von Zugvögeln auf ihrem Weg in die wärmeren Winterquartiere. So wie der Steinschmätzer. Dieser Vogel brütet in Nordeuropa und überwintert am Südrand der Sahara. Im April–Mai und im August–September macht er einen Zwischenhalt auf der Hornisgrinde. Manche Zugvögel verbringen auch den ganzen Sommer hier. Der Gartenrotschwanz mit seinem schwarzen Hals und der rot gefärbten Brust gehört zu dieser Kategorie. Er brütet auf der Hornisgrinde.

Nicht zuletzt aus Gründen des Vogelschutzes wurden die Bergheiden und Moore der Hornisgrinde als Natura-2000-Gebiete ausgewiesen. Dieser europäische Schutzstatus würdigt die bedeutsamen Brut- und Rastplätze der seltenen Vogelarten. Ideal sind auch die Lebensbedingungen für eine der seltensten Vogelarten in Deutschland: das Auerhuhn. In Baden-Württemberg wird dieser Hühnervogel als stark gefährdet eingestuft und steht auf der Roten Liste. Seine Lieblingsspeise sind Heidelbeeren. Und die gibt es auf den Grinden en masse.

Adresse bei 77889 Seebach | **ÖPNV** Von Karlsruhe mit dem RE Richtung Offenburg bis Bahnhof Achern, weiter mit dem RVS-Regionalbus 7123 bis Haltestelle Mummelsee. Von dort mehrere Wanderwege zur Hornisgrinde. | **Anfahrt** A 5 bis Ausfahrt Achern, weiter über Kappelrodeck, Ottenhöfen und Seebach zur B 500 (Schwarzwaldhochstraße), bis zum Berghotel Mummelsee. | **Tipp** Der Aufstieg auf den Hornisgrindenturm eröffnet phantastische Ausblicke. Dies ist erst seit 2005 wieder möglich, nachdem sich das Militär zurückgezogen hat (in den Ferien täglich geöffnet, sonst Sa und So Nov.–April 11–16 Uhr; Mai–Okt. 10.30–17 Uhr, Tel. 07842/948320, tourist-info@seebach.de).

94__Der Lotharpfad

Berührung mit der Natur

Als am 26. Dezember 1999 der Orkan Lothar über das Land Baden-Württemberg und natürlich auch über die Schwarzwaldhöhen fegte, gab es zunächst viele Sturmwurfflächen – auch südlich des Schliffkopfes im Nordschwarzwald. Kreuz und quer lagen die umgeknickten Fichten – wie ein Riesenmikado. Was sich für die einen als wirtschaftliche Katastrophe darstellte, bedeutete für die Natur eine einmalige Chance. Eine Chance auf neues Leben für eine Vielzahl von Pflanzen und Tieren. Die Natur hatte sich ihre eigene Lehrfläche geschaffen.

Das damalige Naturschutzzentrum Ruhestein (heute Nationalparkzentrum) und das örtliche Forstamt legten auf etwa zehn Hektar Fläche durch diesen Holzdschungel einen Lehrpfad an. Jetzt musste man nur noch abwarten und die Prozesse in der Natur beobachten. Der urige Weg führt über Stege, Treppen und Leitern aus Holz mitten in ein Stück Wald, das nach dem Orkan nicht geräumt wurde. Für Naturforscher der ideale Ort. Welche Pflanzen kommen als Erste? Was passiert mit dem vielen Altholz? Welche Tiere kann man beobachten? Der Lotharpfad bietet die Möglichkeit, hineinzutauchen in das Abenteuer Natur, zu beobachten und sich diese Fragen zu beantworten. Das haben in den letzten Jahren viele tausend Naturinteressierte, aber auch Forscherteams getan. Denn was die Natur hier herbeizaubert und schon herbeigezaubert hat, ist ein richtiger Naturschatz. Ein artenreicher, junger Bergmischwald mit einer großen Artenvielfalt, so ganz anders als man es von den dunklen Fichtenwäldern gewöhnt war.

Die »Pioniere« wie Vogelbeere, Birke oder Kiefer nutzten sofort ihre Chance. Unter ihrem Schutz folgen empfindlichere Baumarten wie Weißtanne oder Rotbuche nach. Und erst das viele Totholz! Es ist so lebendig wie nie. Waldameisen und Schlupfwespen und viele andere Insektenarten leben im und vom toten Holz. Schwarzspecht und Dreizehenspecht haben hier eine Perspektive.

Adresse bei 77889 Seebach | ÖPNV Vom Bahnhof Freudenstadt mit der Buslinie 2, 13, 18 bis Kniebis; dort umsteigen in Linie 2 Richtung Ruhestein; Haltestelle direkt am Lotharpfad. | Anfahrt Auf der Schwarzwaldhochstraße (B 500) circa 3,5 Kilometer vom Schliffkopf entfernt in Richtung Freudenstadt; Wanderparkplatz. | Tipp Die Möglichkeit, ganz in die Natur einzutauchen, dies verspricht das Naturcamp am Ruhestein. Wer ein oder zwei Tage und Nächte im Wald verbringen will, ist hier richtig (weitere Infos über das Nationalparkzentrum unter www.schwarzwald-nationalpark.de).

95__Der Mummelsee

Die Geister, die ich rief

Wasser- und Erdmännchen, Nixen und Wassergeister hatten es dem im 17. Jahrhundert lebenden Christoffel von Grimmelshausen angetan, als er den »wunderbarlichen See« und seine Bewohner in seinem Hauptwerk beschrieb. Auch Eduard Mörike schrieb eine Ballade über »Die Geister am Mummelsee« und verarbeitete den Stoff mehrfach. Ein Buntsandsteinblock am Ufer erinnert an den in Ludwigsburg geborenen Dichter.

Die fast kreisrunde Form und die 130 Meter hohe Karwand unterhalb der Hornisgrinde sind untrügliche Anzeichen dafür, dass auch der Mummelsee ein Kind der Eiszeit ist. Die ergiebigen Schneefälle gegen Ende der Eiszeit vor etwa 10.000 Jahren sammelten sich vor allem auf den nach Norden und Osten ausgerichteten Hangmulden zu gewaltigen Schnee- und Firnmassen, die sich unter ihrem Eigengewicht zu Eis zusammenpressten. Bei mehr als 2.000 Millimeter Jahresniederschlag an der Hornisgrinde müssen sich daraus Gletscher entwickelt haben, die zu groß für die Karmulde wurden und talabwärts glitten. Durch die Erosionskraft des Eises entstand die glatt gehobelte Karwand. An seiner Stirnseite schob der Gletscher ein Konglomerat aus Geröllblöcken, Sand und Erde in Richtung des heutigen Schönmünzach. Nach Abschmelzen des Eises blieb dieser Wall als sogenannter Karriegel zurück.

Wie ein dunkles Auge – ringsum von Nadelwald umschlossen – zieht dieses Naturwunder seit Langem die Menschen an. Die Kehrseite ist, dass es inzwischen zu viele Besucher anlockt: Der Mummelsee sei zum Rummelsee verkommen, sagen kritische Stimmen nicht zu Unrecht. Doch es zeigt auch die Anziehungskraft der Natur oder was viele für Natur halten. Schwarzwald pur könne man hier genießen. Es ist immer eine Gratwanderung, Menschen an die Natur heranzuführen. Immerhin nehmen die Besucher einen ersten Eindruck vom Schwarzwald mit nach Hause, und vielleicht besuchen sie das nahe gelegene Nationalparkzentrum.

Adresse bei 77889 Seebach | **ÖPNV** Von Karlsruhe mit dem RE Richtung Offenburg bis Bahnhof Achern, weiter mit dem RVS-Regionalbus 7123 bis Haltestelle Mummelsee. | **Anfahrt** A 5 bis Ausfahrt Achern, weiter über Kappelrodeck, Ottenhöfen und Seebach zur B 500 (Schwarzwaldhochstraße), bis zum Berghotel Mummelsee. | **Tipp** Der Mummelsee-Hornisgrindepfad ist ein kurzer Genießerpfad, der den Naturliebhabern unvergessliche Stunden bereitet. Vom Seibelseckle aus entführt er die Wanderer an eine malerische Ecke des Mummelsees, durch urwüchsige Wälder und Heideflächen, um dann auf dem »Dach des Nordschwarzwaldes« eine einzigartige Aussicht zu bieten.

96__Der Nationalpark

Eine Spur wilder

»Wir können alles. Außer Nationalpark«, hätten Naturschützer und Naturliebhaber der baden-württembergischen Landesregierung nahezu 20 Jahre lang gerne ins Stammbuch geschrieben (angelehnt an die überaus erfolgreiche Werbekampagne der Firma Scholz & Friends: »Wir können alles. Außer Hochdeutsch«). Schließlich war das Land neben Rheinland-Pfalz das einzige Bundesland in Deutschland ohne eine solche Schutzgebietskategorie. Erst seit dem 1. Januar 2014 gibt es das Nationalparkgesetz Schwarzwald. Dabei ist die Nationalparkidee schon älter, doch aufgrund konträrer Interessen war sie in der Vergangenheit politisch nicht durchsetzbar. Auch dieses Mal spaltete das Thema die Bevölkerung. Eine Spur wilder sollte er sein. Zweifellos ist er das Juwel der Schwarzwaldlandschaft, die Besucher strömen hierher, um dieses Naturwunder zu erleben.

»Wilde Natur gab es auch vorher schon, etwa im Bannwald am Wilden See«, erzählt Dr. Wolfgang Schlund, der Leiter des Nationalparks Schwarzwald. Schon lange herrsche hier aufregende Wildnis und ungezähmter Artenreichtum. »In diesen Wäldern gibt es viel Totholz, aus dem neues Leben sprießt und den Artenreichtum erhöht. Neben Fichten und Tannen wachsen auch Buchen, Birken und Vogelbeeren. Waldlichtungen wechseln sich ab mit undurchdringlichem Dickicht, feuchte Standorte gehen über in trockene Lagen.«

Auf etwa 10.000 Hektar Fläche kann nun Natur Natur sein. Das ist das von Hans Bibelrither, dem früheren Leiter des Nationalparks Bayrischer Wald, ausgegebene Motto für Nationalparks. Die Nationalparkkulisse befindet sich um den Ruhestein und den Großen Ochsenkopf. Insbesondere in den Kernzonen wird sich das ökologische Gleichgewicht wieder einstellen. Der Dreizehenspecht ist schon da. Er frisst mit Vorliebe Borkenkäfer und deren Larven. Und auch die Bevölkerung mag es immer wilder und strömt in den Nationalpark.

Adresse bei 77889 Seebach | **ÖPNV** S-Bahn-Linie 41 »Murgtalbahn«: Von Karlsruhe (Bahnhofsvorplatz) nach Freudenstadt; Weiterfahrt mit den Buslinien F 11 und 21 in Richtung Ruhestein. | **Anfahrt** Auf der A 5 bis zur Ausfahrt Achern, dann auf der L 87 bergan in Richtung Baiersbronn und der Ausschilderung zum Nationalparkzentrum am Ruhestein folgen. | **Tipp** Das Nationalparkzentrum am Ruhestein hält spannende Informationen bereit. Erwachsene und Kinder bekommen in der Dauerausstellung faszinierende Einblicke in die Welt des Nordschwarzwaldes. Außerdem bietet das Zentrum das ganze Jahr über Veranstaltungen.

97___Der Rothirsch

König der Wälder

Vom Hochsitz aus beobachten wir die Waldlichtung. Es ist Mitte September, und die Abenddämmerung ist schon in vollem Gange. Frühherbstliche Stimmung macht sich breit, leichter Modergeruch liegt in der Luft. Weithin ist das hallende Rufen des Platzhirschs zu hören. Das bedeutet, dass er in diesem Gebiet die Hoheit hat und das Damenrudel »befehligen« kann. Kurze Zeit später tritt der Platzhirsch auf die Lichtung. Ein imposantes Tier mit mächtigem Geweih. Auch sein Herausforderer tritt in Erscheinung. Keiner ist zum Rückzug bereit, sodass es schon bald unweigerlich zum Kampf kommt. Beide mehrere hundert Kilo schweren Kolosse rennen mit gebücktem Schädel aufeinander los. Die Geweihe treffen und verhaken sich, und das Kräftemessen beginnt. Den Gegner im wortwörtlichen Sinn in die Flucht zu schlagen ist das Ziel eines jeden. Aber nur einer kann gewinnen. Heute behauptet sich der Platzhirsch. Der Zuschauer ist überwältigt von diesem einzigartigen Naturerlebnis.

Der Rothirsch gehört zu den auffälligsten Bewohnern des Schwarzwaldes und ist eines der Wappentiere des Landes Baden-Württemberg. Die weiblichen Tiere nennt man Hirschkuh, die Jungtiere sind die Hirschkälber. Da das Rotwild keine natürlichen Feinde mehr hat – Wolf und Bär sind seit Langem ausgestorben –, fehlt das natürliche Regulativ. Somit muss der Mensch diese Aufgabe übernehmen. Wie das geschehen soll, da gehen die Meinungen unter Waldnutzern und Waldschützern weit auseinander. In der Rotwild-Konzeption Südschwarzwald etwa wurden die Ziele und Umsetzungsmöglichkeiten eines Rotwildmanagementplans festgelegt. Es wurden Kern- und Übergangsbereiche, Wildruhe- und Fütterungsbereiche und auch ein Beobachtungsbereich festgelegt: »Die Tierlache« ist ein Ort, wo Rotwild in der freien Natur beobachtet werden kann. Mit Ferngläsern und Fernrohren ist das Erlebnis aus sicherem Abstand und ohne die Tiere zu stören, möglich.

Adresse 79837 St. Blasien | **Anfahrt** Über A 81 bis Donaueschingen, auf A 864 Ausfahrt B 27 nehmen, weiter auf B 27 / B 33 / B 31 / B 500 bis St. Blasien. Vom Parkplatz »Wildgehege«, Muchenländerweg, geht ein Wanderweg über die Eselshütte zur Tierlache. | **Tipp** Ein Besuch der Klosterkirche St. Blasien – auch Schwarzwalddom genannt – mit ihrer grandiosen Kuppel ist ein Muss (geöffnet im Winter 8.30 – 17 Uhr, im Sommer 8 – 18.30 Uhr; während Gottesdiensten oder Veranstaltungen ist eine Besichtigung nicht möglich).

98 Die St. Märgener Füchse
Kraftpakete und Allrounder

Sie werden auch die Araber unter den Kaltblütern genannt. Eine Pferderasse mit vielen Namen: St. Märgener, Wälder, Wälderpferde oder Schwarzwälder Kaltblüter. Ihre Ursprünge liegen im Mittelalter und gehen auf die Zucht der Klöster von St. Peter und St. Märgen zurück. Die dunklen Pferde mit ihrem hellen Langhaar sehen stattlich aus. Trotzdem stehen sie auf der Roten Liste der alten Haustierrassen.

Über Jahrhunderte entstand eine robuste und genügsame Kaltblutpferderasse, bestens geeignet, um im harten Schwarzwälder Klima zu leben und schwere Arbeit leisten zu können. Die kleinen Kraftpakete mit einem Stockmaß von 1,50 Metern und einem Gewicht von 500 bis 600 Kilogramm waren die Arbeitstiere der Schwarzwaldbauern schlechthin. Sie wurden oft zum Holzrücken in den meist steilen Hangwäldern eingesetzt. Doch mit aufkommender Motorisierung mit Traktoren und Seilwinden in der Land- und Forstwirtschaft wurden die Schwarzwälder Füchse arbeitslos. Kaltblüter waren nicht mehr gefragt, und so ging die Population rapide zurück. Der Schwarzwälder Fuchs war in den 1970er Jahren massiv vom Aussterben bedroht. Es ist einzelnen Züchtern und dem Haupt- und Landesgestüt Marbach des Landes Baden-Württemberg zu verdanken, dass diese Rasse gerettet wurde.

Mittlerweile wurden die Vorzüge der Waldarbeit mit Pferden wiederentdeckt – nicht zuletzt auch aus Naturschutzgründen. Denn die Pferde ziehen einzelne Holzstämme, ohne großen Schaden in der Umgebung anzurichten. Auch finden diese Kraftpakete mit dem Tannenbaum-Brennzeichen wieder Liebhaber, insbesondere auf Bauernhöfen mit Feriengästen. Sie sind vielseitig einsetzbare Freizeitpferde, zeigen sich geduldig bei Reitanfängern und Kindern und lassen sich vor einen Schlitten oder eine kleine Kutsche spannen. Ein lebendiges Kulturgut und ein besonderer Naturschatz scheint wieder eine Zukunft zu haben.

Adresse Schwarzwälder Pferdegenossenschaft, Bächleweg, 79274 St. Märgen | **ÖPNV** Von Freiburg mit der RB Richtung Seebrugg bis Kirchzarten, weiter mit dem SBG-Bus Richtung Hinterzarten bis St. Märgen. | **Anfahrt** Über die A 81 bis Ausfahrt Donaueschingen, dann A 864 in Richtung Freiburg, B 27 bis Donaueschingen, dann über Bruggen, Hammereisenbach, Streichenbach, Hexenloch, Neuhäusle bis nach St. Märgen. | **Tipp** Wer die Schwarzwälder Füchse erleben will, sollte sich folgende Termine merken: Das Rossfest in St. Märgen findet im dreijährigen Turnus am 2. Sonntag im September statt (2016, 2019 und folgende). Der Schwarzwälder Züchtertag findet jährlich am Samstag an oder nach dem Josefstag (13. März) statt; wechselweise in St. Märgen und Elzach-Prechtal. Die Kaltbluttage St. Märgen finden jedes Jahr im Herbst in der Weißtannenhalle, Steinbachtal 3a, statt.

99 Die Zweribachwasserfälle

Wilde Naturromantik im oberen Simonswäldertal

»Ein häldiges, steiniges Loch«, so beschrieb der alte St. Märgener Förster Fritz Hockenjos in den 1950er Jahren das Gebiet »im Zweribach da hinten«. Wildromantisch ist es dort. Steile Pfade gehen bergab, an einzelnen Stellen mit Stahlseilen gesichert. Das Gelände hat bis zu 40 Grad Gefälle. Trittsicherheit ist ein absolutes Muss in diesem Gebiet. Nasse, rutschige Felsen, umgestürzte Bäume mit großen bizarren Wurzeltellern. Umgeknickte Bäume mit bemoosten Stämmen – Totholz, das doch so viel Leben in sich birgt. Und dazwischen das rauschende Wasser des Zweribaches, das sich an mancher Stelle über zehn Meter in die Tiefe stürzt.

Seit 1970 ist das Gebiet als Bannwald ausgewiesen, das heißt, dass keine Waldwirtschaft mehr betrieben wird und die Natur Vorrang hat. Das war nicht immer so. Der Hunger nach Holz im Schwarzwald war der Grund, selbst die entlegensten und steilsten Bereiche zu erschließen. So vergab das Kloster St. Peter ab dem 16. Jahrhundert an Holzknechte und Arbeiter aus Bayern, Salzburg und Tirol Siedlungsrechte in den Tälern von Wildgutach und Zweribach. Acht kleine Gütlein wurden angelegt. Die Holzfäller schlugen die Hänge kahl, alles für die Eisenschmelze im Simonswäldertal. Mauerreste im Wald deuten auf die früheren Siedlungen hin. Lesesteinhaufen am Hang sind Zeugen ehemaliger Landwirtschaft. Was war das für ein mühsames Baumfällerleben. Zuerst schlugen sie das Dickicht kahl, und dann trotzten sie den steilen Hängen noch etwas zu essen ab. Vielleicht gab es auch kleine Weidefleckchen für eine Kuh oder Ziege. Die gute alte Zeit erscheint da plötzlich in einem ganz anderen Licht.

Heute hat sich die Natur dieses Gebiet zurückerobert. Und man hat Gelegenheit, nahezu ursprüngliche Natur und Naturgewalten in sich aufzunehmen – verbunden mit einer Rast und einem Rucksackvesper mit Schwarzwälder Schinken und einem Bauernbrot genießt man das Naturwunder.

Adresse bei 79271 St. Peter | **ÖPNV** Von Freiburg (Breisgau) mit der RB bis Kirchzarten, weiter mit dem SBG-Bus 7216 nach St. Peter. | **Anfahrt** Über die A 5, Ausfahrt Freiburg-Nord, weiter über die B 294 Richtung Waldkirch bis Heuweiler, dann über die L 112 durchs Glottertal nach St. Peter. Vom Plattenhof führt ein Rundwanderweg zum Zweribachfall, Hirschbachfall, Hohwartsfelsen, Gschwandersdobel, Jockenhof, Schönhöfe und zurück zum Plattenhof. | **Tipp** Die Benediktinerabtei zu St. Peter ist ein barockes Kleinod an der Schwarzwald-Panoramastraße. Ende des 11. Jahrhunderts wurde sie von den Herzögen von Zähringen gestiftet. Die Rokoko-Bibliothek und die prächtige Barockkirche gehören zu den prunkvollsten Zeugnissen barocker Baukunst im süddeutschen Raum.

100__Der Conweiler Stein

Keltischer Götterfries oder Geröllhalde?

Der Conweiler Stein ist beides – Kultur- und Naturdenkmal. Im 16. Jahrhundert wurde in Conweiler im heutigen Enzkreis ein Relief gefunden und dem württembergischen Herzog Ludwig übergeben. Das Bildnis zeigt eine Opferhandlung mit Merkur und Apollo im Fokus. Vermutlich handelt es sich um keltische Gottheiten, die von römischen Handwerkern als Römer dargestellt wurden. Weiterhin sind Tiere wie etwa Ziegen, Schweine und ein Stier dargestellt, was wiederum Rückschlüsse auf die damalige Lebenswelt der Römer in Obergermanien zulässt. Datiert wurde das Relief auf etwa 200 n. Chr. Heute kann man es im Lapidarium des Landesmuseums in Stuttgart bewundern. Gemeißelt wurde das circa 2,40 Meter hohe, 1,05 Meter breite und 0,33 Meter tiefe Steindenkmal aus Buntsandstein, also aus Conweiler Stein.

Vom Kulturwunder zum Naturwunder ist es nicht weit: Ein Steindenkmal ganz anderer Art ist der Conweiler Stein im Straubenhardter Wald – nämlich eine Geröllhalde. Die Entstehung solcher Formationen ist ein genau nachvollziehbarer geologischer Prozess. Wie von Geisterhand hingeworfen wirken die mehrere Kubikmeter umfassenden verkieselten Felsblöcke. Sie sind das Ergebnis einer Millionen Jahre andauernden Erosion. Der Blockzerfall im Mittleren Buntsandstein ist in erster Linie auf die verschiedenen Schichten zurückzuführen. Der Wechsel von Plus- und Minusgraden vor allem während der letzten Eiszeit sprengte die festeren Sandsteinbänke heraus. Nun konnte Sickerwasser auf die darunterliegenden weicheren Lagen gelangen und tonige Bindemittel auswaschen, sodass die Buntsandsteinblöcke herunterfielen. Sie rollten hangabwärts und bildeten mächtige Halden: Kleinere Gesteinstrümmer blieben nahe des Felsens liegen, größere Blöcke stapelten sich weiter entfernt.

Solche Blockhalden sind wichtige Lebensräume für Amphibien und Reptilien.

Adresse bei 75334 Straubenhardt–Dennach | **Anfahrt** Von Straubenhardt auf der L 339 Richtung Dennach bis zum Wald, wo die K 4551 kreuzt, Wanderparkplatz bei der Schwanner Warte; von dort aus ist ein Rundwanderweg bis zum Conweiler Stein ausgezeichnet. | **Tipp** Nach so viel Gekraxel über Stock und Stein kann man im Barfußpfad seinen Füßen etwas Gutes tun. Der Barfuß- und Sinnenpfad liegt bei der Villa Kling in Conweiler, Am Hasenstock 21.

101__Der Bergbau

Reichtum unter der Erde

Das Stadtwappen der Sulzburger zeigt einen Bergmann mit Hacke und Fackel vor dem Berg. Darüber sitzt ein Engel, der ihn wohl segnet. Nach diesem ersten Eindruck geht's schon ab in den Stollen. Sulzburg hat eine lange Bergmanntradition, bereits die Kelten entwickelten um den Ort bergbauliche Aktivitäten. Aus zahlreichen solehaltigen Quellen gewannen sie Salz. Auch die Römer hinterließen hier bergbauliche Spuren. Sie bevorzugten den Silberabbau.

Ein erstes schriftliches Dokument späterer Bergarbeiter stammt aus dem Mittelalter, als das Kloster St. Cyriak eine Ernennungsurkunde ausstellte. Die Blütezeit des Bergbaus – es wurden hauptsächlich Silber und Blei gefördert – war Mitte des 14. Jahrhunderts. Damals sollen in den Erzgruben und Verhüttungsorten 500 Personen gearbeitet haben. Im Dreißigjährigen Krieg stand das Graben nach Erzen still. Von 1718 bis 1832 wurde nochmals gefördert. Solche Aktivitäten in und um das beschauliche Sulzburg sind heute kaum mehr vorstellbar. Doch bereits 1283 wurde das Bergmannemblem im Stadtwappen verankert.

Warum gerade die Gegend um Sulzburg bergbaulich so attraktiv war, ist geologisch zu erklären. Das geologische Großereignis im Erdaltertum – das Absinken des Oberrheingrabens – ist dafür verantwortlich. Manche Gesteinsschichtpakete wurden gehoben, andere abgesenkt. Granitische Schmelzen aus dem Erdinneren konnten nach oben steigen und erkalten. Auch Mineralgänge entstanden. Das ausgebeutete Kali- und Steinsalz stammt von einem Urmeer, das zeitweise den abgesunkenen Grabenbruch erfüllte.

Abgebaut wurden silberhaltiger Bleiglanz und Kobalderze. Diese waren für die Glasherstellung von Bedeutung. Kobald sorgte für eine schöne Blaufärbung beim Glas. Es war Reichtum unter der Erde. Natürlich wurde zusätzlich hier in Steinbrüchen Gneis als Baumaterial abgebaut. Doch Gneissteinbrüche gab es auch an anderer Stelle.

Adresse Landesbergbaumuseum, Marktplatz, 79295 Sulzburg | **Anfahrt** Ausfahrt (A5) Bad Krozingen, weiter auf der L123 nach Staufen, über Dottingen nach Sulzburg. | **Öffnungszeiten** Di–So 14–17 Uhr | **Tipp** Vom Marktplatz startet ein 5 Kilometer langer Rundweg zu Stollen und Plätzen des einstigen Bergbaus. Der Rundweg ist Teil des Museums.

102 — Der Titisee

Größter Karsee im Schwarzwald

Mancher Naturschatz präsentiert sich erst, wenn man das ausblendet, was nicht dazugehört. Zum Beispiel die Tretboote, unzählige Souvenirläden und Hotels am Titisee. Sie erinnern an die einstige touristische Hochzeit des Titisees in den 1960er Jahren. Heute sind die Hotels nur noch Abglanz einstiger Blüte. Vielleicht geht es ihnen bald wie dem traditionellen Neustädter Hof, den der bekannte Schauspieler Eddi Arent bis 2005 führte und der pleiteging. Mit seinen Rollen in den Karl-May-Verfilmungen und Edgar-Wallace-Filmen hatte er deutlich mehr Fortune.

Viele tausend Touristen kommen jedoch immer noch und suchen das vermeintlich Schwarzwaldtypische: Bollenhut, Kuckucksuhr und Schwarzwälder Kirschtorte. Doch vielen ist der Blick für das Typische im Schwarzwald verstellt. Der Titisee ist immerhin der größte Karsee im Schwarzwald. Weg vom Touristenrummel, hin zur Natur! Schon seine Maße sind beeindruckend: Er ist durchschnittlich 20 Meter tief und hat eine Wasserfläche von 1,3 Quadratkilometern. Unvorstellbar mächtig muss die Kraft des Feldberggletschers gewesen sein, der ihn schuf. Wie ein überdimensionierter Landschaftshobel hat das Gletschereis gewirkt. Es führte viel Schuttmaterial mit sich und lagerte es am Rande der Talwanne als Moränen ab. Die Hotelzeile direkt am See ist auf so einem Moränenwall gebaut. Sande und Kiese auf dem Seegrund am Strand sind nichts anderes als Schutt, den der Gletscher abgelagert hat. Hier wachsen auch – untergetaucht – zwei botanische Highlights: das Stachelsporige Brachsenkraut und das Seebrachsenkraut. Insbesondere das Stachelsporige Brachsenkraut kommt sonst nur noch im Feldsee vor.

Die große Tiefe und die Winde, welche die Wasseroberfläche immer in Bewegung halten, sind Gründe, warum der See nur langsam gefriert. Ist es aber einmal richtig kalt und das Kerneis beträgt mehr als 16 Zentimeter, verwandelt sich der See in eine weiße Traumlandschaft.

Adresse 79822 Titisee-Neustadt | **ÖPNV** Von Rottweil mit dem RE Richtung Neustadt (Bahnhof), umsteigen in die RB Richtung Freiburg bis Titisee (Bahnhof). | **Anfahrt** Auf der A 81 bis Ausfahrt Donaueschingen, der B 31 folgen bis Neustadt, weiter zum Ortsteil Titisee, der an der Nordseite des Sees liegt. | **Tipp** Naturgenuss pur ist es, sich am frühen Morgen das erste Boot zu mieten und hinauszufahren auf den See. Dann heißt es nur noch, die Natur mit allen Sinnen erleben.

103__Die Hangmoore

Hängende Gärten der Eiszeit

Das Brunnmättlemoos ist ein sogenanntes Hangmoor. Es erstreckt sich über drei Terrassen zum Schwarzenbach abfallend. Die oberste Stufe ist als Hochmoor ausgebildet. Schlenken und Bulten, offene Wasserflächen und Moorkiefern sind typisch. Auf der zweiten Stufe wartet das dortige Hochmoor mit seltenen Pflanzen wie dem herzförmigen Zweiblatt oder dem Siebenstern auf. Alles botanische Moorhighlights. Auf der unteren Terrasse existiert ein Moor, mit Fichten bewachsen, das in eine Sumpfwiese übergeht. Das acht Hektar große Brunnenmättlemoos steht unter Naturschutz und ist somit nicht begehbar.

Diese Relikte der Eiszeit am Hang sind etwas ganz Besonderes. Sie konnten sich über 9.000 Jahre in vom Eis ausgeschürften Terrassen oder auch wannenartigen Vertiefungen entwickeln. Ganze 22 solcher kleinen Hangmoore haben sich zwischen Todtmoos und St. Blasien entwickelt. Interessant ist die Tatsache, dass sie alle auf etwa 970 Metern ü. d. M. liegen. Manchmal sind sie räumlich getrennt, manchmal haben sie eine Verbindung zueinander. Ibacher Moor, Lindacher Moor, Forenmoos oder etwa das Turbenmoos sind einige Beispiele.

Die Baumeister der Moore sind die Torfmoose. In ihren Blättchen gibt es Zellen für die Wasserspeicherung und Zellen für die Fotosynthese, also die Fähigkeit der Pflanze, mit Hilfe von Sonnenlicht Zucker zu produzieren. Trocknen Torfmoose aus, fallen sie in eine Art Ruhezustand mit herabgesetztem Stoffwechsel. Werden sie wieder befeuchtet, beginnen die Pflanzenzellen schon nach etwa 15 Minuten wieder mit der Fotosynthese. Wahre Überlebenskünstler!

Um diese Hangmoore erleben zu können, gibt es den Sieben-Moore-Weg im Oberen Hotzenwald. Auf einem – meist aus Bohlen – gestalteten Rundweg über neun Kilometer kann man sich sieben der Moore erwandern, die Moorlandschaften erleben und typische Tiere und Pflanzen kennenlernen.

Adresse 79682 Todtmoos | **ÖPNV** Mit dem SBG-Bus 7328 von Bad Säckingen über Rickenbach nach Herrischried bis zur Haltestelle Steinernes Kreuz. | **Anfahrt** Über die L 151 von Bad Säckingen nach Todtmoos; zwischen Todtmoos und Herrischried beim OT Lochhäuser Parkmöglichkeit beim Wanderparkplatz Steinernes Kreuz; von dort ist der Sieben-Moore-Weg ausgeschildert. | **Tipp** Bei klarer Sicht lohnt ein Abstecher zum Gugel-turm. Der 30 Meter hohe Aussichtsturm ist ein Wahrzeichen des Oberen Hotzenwaldes. Die Gugel (997 Meter) ist eine der markantesten Einzelerhebungen des Hotzenwaldes.

104__Das mittlere Wehratal
Schönstes Gebirgstal Deutschlands

Wenn der Tau der Wiesen und Weiden in der Morgensonne glitzert, die Holzschindeln des Schwarzwaldhauses im Sonnenlicht silbrig schimmern und ein sanfter Wind durch die Bäume streift und wenn die Berge bis zum Horizont aufragen, dann befindet man sich im schönen Hotzenwald. Hier bedeutet Wandern, mit allen Sinnen die Natur wahrzunehmen. Riechen, Schmecken, Hören, Fühlen wird umso intensiver, je mehr wir aufs eigene Ich eingehen und den Alltagsstress hinter uns lassen. Entschleunigung ist angesagt, bereit sein für das Schöne in der Natur.

Besonders schön und urtümlich ist die Natur im Wehratal im südlichen Schwarzwald, von dem manche sagen, dass es eines der beeindruckendsten Gebirgstäler in ganz Deutschland sei. Wie ein Canyon hat sich die Wehra im Abschnitt zwischen Todtmoos–Au und Wehr in Granit und Gneis geschnitten. Senkrechte Felswände und Überhänge von mehr als 30 Metern sind keine Seltenheit. Demut vor der gewaltigen Natur ist angebracht, um das Naturwunder in sich aufzunehmen. Ganz tief drunten verläuft parallel zum Flüsschen Wehra auch ein Sträßchen. Doch eins mit der Natur wird man erst auf dem Fußweg, der durch die Felshänge führt. Jetzt kann man die mächtigen Schluchtwälder genauer anschauen. Eschen, Berg- und Spitzahorne, aber auch Winterlinde und Bergulme wachsen auf felsigem Untergrund. Doch auch hier hat das Falsche weiße Stengelbecherchen – ein aus Japan eingeschleppter Schlauchpilz – bereits viele Eschen infiziert. Hoch oben an den Felsköpfen wächst Gestrüpp aus Felsenbirnen. Aus deren Wildfrüchten kann eine süße Marmelade mit leichtem Marzipangeschmack gekocht werden. Doch hier im Naturschutzgebiet sollten diese süßen Früchtchen den Vögeln überlassen werden.

Ein häufiger Begleiter in der Schlucht ist die Johannisbeere. Auch die Pestwurz mit ihren rhabarberartigen Blättern, Blauen Eisenfuß oder etwa den Wasserdost findet man direkt am Wasser.

Adresse 79682 Todtmoos–Au | **ÖPNV** Von Bad Säckingen mit dem SBG-Bus 7335 Richtung Schopfheim bis Wehr (Baden) fahren. Von dort aus zu Fuß zum Stausee. | **Anfahrt** B 34 bis zur Abfahrt nach Wehr (B 518). In Wehr das Sträßchen nach Todtmoos nehmen und bis zum Stausee fahren. Dort gibt es gute Parkmöglichkeiten. Die Schlucht von Süden her durchwandern. | **Tipp** Der Wehratal-Erlebnispfad von der Quelle bei Todtmoos bis zur Mündung bei Brennet: 30 Stationen erzählen Wissenswertes über Natur, Kultur und Geschichte. Ein Erlebnisweg für die ganze Familie (www.todtmoos.de).

105 __ Der Gletscherkessel

Juwel der Glaziallandschaft

Als Juwel der Glaziallandschaft im Schwarzwald bezeichnete der bekannte Geologe Dr. Pfannenstiel in den 1960er Jahren die Landschaft um das kleine Örtchen Präg. Und in der Tat, es übersteigt unser Vorstellungsvermögen, was sich da während der letzten Eiszeit vor etwa 10.000 Jahren abgespielt hat. Das Eis von sieben Gletschern floss an einem Punkt zusammen und formte die heutige Landschaft kesselförmig. Eine Ausdehnung von zehn Quadratkilometern soll der damalige Gletscher gehabt haben! Der heutige Gletscherkessel war randvoll mit Eis.

Hier, am Zusammenfluss von sieben Gletschern, gab es einen Eisstau, und die entstandene Eisplatte in der Mulde war mehr als 500 Meter dick! Dieser gewaltige Eispfropfen in der Mulde von Präg hatte ungeheure Kraft – seine Spuren sind noch überall sichtbar: Gletscherschrammen an den Felsen und Geröllhalden an den Talflanken, alles untrügliche Zeichen früherer Gletschertätigkeit. Als sich das Eis zurückgezogen hatte, entstanden an vielen Stellen Seen, aus denen sich später Moore entwickelten oder auch Feuchtwiesen. Diese abwechslungsreiche Landschaft beherbergt eine einzigartige Flora und Fauna. Die geröllreichen Steilhänge werden heute als extensive Rinderweiden genutzt. Dort wachsen etwa Katzenpfötchen und Arnika – zwei stark gefährdete Pflanzen solcher selten gewordenen Hochweiden. Heidelbeere, Adlerfarn und das lilablütige Heidekraut sind ein Indiz für den Rückgang der Beweidung an den Hängen. Schade auch für Wiesenpieper, Neuntöter oder die seltene Zippammer, welche sich an solch eine Pflanzenwelt angepasst haben. Mit etwas Glück kann man diese Arten beobachten.

Grauerlen und Eschen säumen die Bäche, naturnahe Buchen-Tannenwälder prägen manch unzugängliche Steilhänge. Kaum zu Gesicht bekommt man den Präger Dammläufer, eine bis vor Kurzem unbekannte Käferart in den Blockhalden, deren Fund eine zoologische Sensation war.

Adresse 79674 Todtnau–Präg | Anfahrt A 5 bis Ausfahrt Freiburg-Mitte, auf B 31 in Richtung Kirchzarten, hier auf L 126 Richtung Oberried, über Muggenbrunn nach Todtnau, über die B 317 nach Präg. Die ganze Landschaft um Präg ist der Gletscherkessel. Auto abstellen und loslaufen. | Tipp Steht Ihnen nach dem Naturgenuss der Sinn nach etwas Besonderem, steigen Sie im Naturparkhotel Waldfrieden ab. Hier verbindet sich raffinierte Architektur mit der Natürlichkeit des Schwarzwaldes (Dorfstraße 8, 79674 Herrenschwand, www.derwaldfrieden.de).

106 Der Todtnauer Wasserfall

Höchster Naturwasserfall in Deutschland

97 Höhenmeter stürzt sich das Wasser des Stübenbächles über die Felskante und ist damit Deutschlands höchster Naturwasserfall. Vor etwa 10.000 Jahren floss ein kleiner Gletscher vom Stübenwasen in die flache Hochmulde von Todtnauberg. Im Haupttal des Schönenbachs schoben sich jedoch viel größere Eismassen zu Tal. Zudem drängte das Eis des Schönenbachgletschers das Eis des kleinen Stübenbachgletschers zurück und nahm ihm seine Erosionskraft. Nach Abschmelzen des Eises gab es zwischen ausgeschürftem Haupttal und kleinerem Nebental einen Höhenunterschied von etwa 200 Metern – ein sogenanntes Hängetal war entstanden. Neben diesem Höhenunterschied sind die dort vorkommenden, sehr widerstandsfähigen Gesteine Voraussetzung dafür, dass sich das Wasser in die Tiefe stürzen konnte und weiterhin kann.

Ein Besuch des Todtnauer Wasserfalls ist zu jeder Jahreszeit beeindruckend. Das Wasser fällt mit viel Getöse frei herunter. An mancher Stelle rieselt es über Moospolster und bildet einen feinen Vorhang. An anderer Stelle rauscht es zwischen Felsblöcken hindurch, die den Wasserstrom teilen. Im unteren Bereich des Wasserfalls wird das Stübenbächle zum Wildwasser. Zwischen Strudeltöpfen und Felsblöcken schießt es hindurch. Im Winter bietet sich hier ein ganz besonderer Anblick, wenn bizarre und lange Eiszapfen herabhängen.

Den Naturschatz des Wassers kann man am besten auf einer Tour über den Wasserfallsteig erleben. Dieser führt über schmale Wege und Stege, herrliche Wiesen- und Waldlandschaften im Wiesental, über wildromantische Bäche und beeindruckende Wasserfälle wie den Fahler Wasserfall. Das ist Naturerlebnis pur. Über Todtnau gelangt man zum alten Kriegerdenkmal und hört das tosende Wasser des Todtnauer Wasserfalls. Jetzt führt der Steig direkt unter der Wasserkaskade hindurch und über viele Treppen nach Todtnauberg hinauf.

Adresse bei 79674 Todtnau–Todtnauberg | **ÖPNV** Von Freiburg mit der RB nach Titisee, Bus 7300 von Titisee nach Todtnau/Zell im Wiesental, Ausstieg Hebelhof am Feldberg. Zurück geht's von Todtnauberg vom Gasthof Sternen mit dem Bus nach Todtnau mit Umsteigen zum Feldberg. | **Anfahrt** A 5 bis Ausfahrt Freiburg-Mitte, auf B 31 in Richtung Kirchzarten, hier auf L 126 Richtung Oberried, über Muggenbrunn nach Todtnau, hier nach links auf B 317 in Richtung Feldberg zum Parkplatz gegenüber dem Hebelhof. | **Tipp** Wer noch etwas Nervenkitzel sucht, ist bei der Coasterbahn am Hasenhorn in Todtnau genau richtig. Auf schienengeführten Schlitten geht's über nahezu drei Kilometer den Berg runter (www.haselhorn-rodelbahn.de).

107 __ Die Triberger Wasserfälle

Wasser marsch

Tosend, schäumend, spritzend stürzt das Wasser der Gutach 163 Meter hinab. Über sieben Kaskaden erstreckt sich der Wasserfall. Ein einzigartiges Naturspektakel. Auf dem Steg durch die Wasserfallkaskaden kann man die Gischt sogar spüren. Besonders während der Schneeschmelze und nach Starkregen sind Abertausende ganz feine Wassertröpfchen in der Luft. Sie wirken auf der Haut wie eine Schwarzwald-Feuchtigkeitsmaske. Nachweislich soll die ionisierte Luft sich positiv auf die Atmungsorgane auswirken und Erkältungskrankheiten und Asthma positiv beeinflussen.

Das Schwarzwaldstädtchen Triberg hat schon früh begonnen, die Wasserfälle in sein touristisches Marketing einzubeziehen. Das ist nicht verwunderlich, befindet sich doch der Haupteingang fast mitten in der Stadt. Ja, es gibt einen Haupteingang, und Eintritt wird auch verlangt. Das hat nichts mehr mit Naturerlebnis zu tun, sagen die einen. Die anderen – nämlich Familien mit Kinderwägen oder etwa Rollstuhlfahrer – sind erfreut über die gute Infrastruktur. Kaskadenweg, Kulturweg oder Naturpfad – jeder kann selbst entscheiden, wie naturnah er es haben will. Und welcher Weg zu ihm passt.

Der Wasserfall ist ganzjährig begehbar und wird bis 22 Uhr von der Stadt Triberg beleuchtet. Viele der Besucher – insbesondere diejenigen aus dem Ausland – sind fasziniert von der Illumination. Beim Triberger Weihnachtszauber werden über 500.000 Lichter direkt am Wasserfall installiert. Leider verkommt so ein Naturschatz zum Touristenkitsch. Hinzu kommen Feuerwerk und Budenzauber und ein traditioneller Weihnachtsmarkt. Da wird der Wasserfall zur Kulisse. Natur wird in Szene gesetzt. Doch wenn man die strahlenden Augen der Kinder und sogar vieler Erwachsener sieht, scheint das Konzept aufzugehen. Auch eine Art Naturerlebnis – einfach ganz anders. Und vielleicht erhalten Stadtmenschen so einen Zugang zur Natur.

Adresse Haupteingang ist in der Hauptstraße 85, barrierefrei über den Eingang der Asklepios-Klinik, Ludwigstraße 1, 78098 Triberg | **ÖPNV** Anreise mit der Schwarzwaldbahn von Offenburg direkt bis nach Triberg. | **Anfahrt** Über die A 81 bis Ausfahrt Villingen-Schwenningen, weiter nach Triberg. | **Tipp** Bei gutem Wetter empfiehlt sich ein Besuch des Aussichtsturmes bei Furtwangen–Rohrbach. Von der Aussichtsplattform auf 25 Meter Höhe bietet sich ein schöner Rundumblick über den mittleren Schwarzwald bis zum Feldberg, an schönen Tagen bis zu den Schweizer Alpen.

108__Das Schwenninger Moos

Wo der Neckar seinen Ursprung hat

Die Inschrift »Das ist des Neccers Quelle« ließ Herzog Ludwig von Württemberg auf einen Stein meißeln, der auf der Schwenninger Ackerflur Lettbühl aufgestellt wurde. Man wollte einfach sichergehen, dass die Neckarquelle auf württembergischen und nicht auf badischem Boden liegt. Denn das Schwenninger Moos war jahrhundertelang die Landesgrenze und schon badisches Territorium. Fortan sprach man vom Neckarursprung im Schwenninger Moos. Die historische Neckarquelle mit ihrem gefassten Quellbecken blieb nach wie vor im württembergischen (»sicheren«) Schwenningen.

Der 2007 eingeweihte Geschichts- und Naturlehrpfad zum Schwenninger Moos informiert über geschichtliche und geologische Besonderheiten sowie über Flora und Fauna. Der größte Anziehungspunkt ist natürlich das etwa 100 Hektar umfassende Naturschutzgebiet. Es ist eines der vielen Feuchtgebiete auf der Baar, derjenigen Landschaft, die zwischen Schwarzwald und Schwäbischer Alb vermittelt. Im 19. und 20. Jahrhundert setzte der Torfabbau dem Moor arg zu, und es trocknete fast aus. Nach einer umfassenden Moorrenaturierung in den 1980/90er Jahren hat sich wieder eine urwüchsige Moorlandschaft mit eindrucksvollen Großseggenbeständen, verlandenden Moosweihern und anderen Sumpf- und Röhrichtzonen entwickeln können. Eine phantastische Landschaft, um die Seele baumeln zu lassen.

Im Gegenteil zu anderen Mooren ist das Schwenninger Moos artenreich. Das hat vor allem mit dem Anstau des Neckarursprungs in den 1980er Jahren zu tun. Dieser Anstau kam Tierarten wie Krickente und Zwergtaucher zugute, die auf offene Wasserflächen angewiesen sind. Auch Bekassinen rasten jetzt an den offenen Wasserflächen. Die Bekassine wird im Volksmund auch Himmelsziege genannt, da sie mit ihren Steuerfedern beim Balzflug ein meckerndes Geräusch erzeugt. Vom Bohlenpfad durchs Moor kann man diese Wasservögel gut beobachten.

Adresse bei Gaststätte Wildpark, Hölzlesweg 9, 78048 Villingen-Schwenningen | **ÖPNV** Vom Busbahnhof Schwenningen mit Linie 8a Richtung Grabenäcker, Haltestelle Schwenningen, Schluchseestraße II, dann rund 500 Meter zu Fuß bis zur Gaststätte Wildpark. Dort startet die Tour. | **Anfahrt** Über die A 81, Ausfahrt Villingen-Schwenningen, weiter auf B 523 nach Schwenningen bis zur Gaststätte. | **Tipp** Im Uhrenindustriemuseum, der ältesten Uhrenfabrik Württembergs mitten in Schwenningen, wird Industriegeschichte lebendig. Auf spielerische Art und Weise wird gezeigt, wie es einst in der Uhrenindustrie herging (www.uhrenindustriemuseum.de).

109__ Der Kandel

Mythos und Natur – Berg der Kräfte

Sagenumwoben war der Kandel schon immer, nicht umsonst wird er mit dem Brocken im Harz verglichen. Mit 1.241 Metern ist er die höchste Erhebung im mittleren Schwarzwald und Hausberg von Waldkirch. Dort sollen einst als Hexen angeklagte Personen mit dem Teufel ein Bündnis eingegangen sein. Noch im 17. und teilweise im 18. Jahrhundert war die Hexenverfolgung gängige Praxis. Doch auch 200 Jahre später war die »Kandelhexe« ein Spitzname für eine etwas verschrobene Person. Die Geschichte von Josefa Schuler, dem »Plattenwieble«, lebt heute als Fasnetsfigur weiter und wird von den Naturparkführern gerne erzählt. Es ist eine traurige Geschichte von einer Frau, die ihr uneheliches Kind durch Diphterie verlor und seither ruhelos umherzog und sich den Lebensunterhalt durchs Besenbinden verdiente.

Mit oder ohne Naturparkführer kann man den Kandel erklimmen, die atemberaubenden Blicke in die Ferne genießen, aber auch an Wildbächen und über liebliche Weiden wandern. Lange Zeit lag der Berg im Dornröschenschlaf und wurde erst 2005 von einem innovativen Landschaftsprojekt der Uni Freiburg und den umliegenden Kommunen wachgeküsst. Unter dem Stichwort »Kandelbergland« werden das Kandelmassiv, die Abhänge, die Platte und der Zweribach als Naturerlebnisraum erschlossen. Das Motto »Kandel – Berg der Kräfte« schließt sowohl historische als auch moderne Aspekte der Landschaft mit ein. Diese Erlebnisräume gilt es zu entdecken, verschiedenfarbige Stelen helfen dabei.

Am Kandelsüdhang etwa wandert man über den Urgrabenweg. Dieser »Urgraben« brachte das Wasser im 13. Jahrhundert von der Ostseite des Kandels auf die Westseite zu den Silber- und Bleierzbergwerken. Er stellt eines der bedeutendsten technikgeschichtlichen Denkmäler Deutschlands dar. Dabei geht es durch urwüchsige Bergmischwälder, man genießt herrliche Ausblicke bis zum Feldberg.

Adresse bei 79183 Waldkirch | **Anfahrt** B 294 nach Waldkirch, von dort auf der L 186 zur Kandelpasshöhe oder von Denzlingen und dem Glottertal auf der L 112 und der L 186 zur Kandelpasshöhe; vom dortigen Parkplatz sind es noch etwa 400 Meter bis zum Gipfel. | **Tipp** In 23 Metern Höhe quasi über den Bäumen schweben kann man auf dem Baumkronenweg in Waldkirch (www.baumkronenweg-waldkirch.de).

110_ Der Zweitälersteig

Auf dem Herzlesweg die Natur erobern

Der berühmte Ernest Hemingway (1899–1961) soll einmal gesagt haben, es gebe drei Dinge im Leben, die man mit 14 erlebt haben müsse. Ein Fenster einwerfen, Feuer machen und Schwarzfischen. Beim Schwarzfischen im Schwarzwald ist er allerdings von den Wirtsleuten des Rössle bei Wittenbach erwischt und davongejagt worden.

Damals wie heute ist das Rössle beliebter Haltepunkt für Wanderer im Schwarzwald. Seit 2010 gibt es den Zweitälersteig, einen Qualitätswanderweg des Deutschen Wanderverbandes, mit fünf Etappen rund ums Simonswälder- und Elztal. Start und Ziel ist in Waldkirch. Wer sich auf den 108 Kilometer langen Zweitälersteig macht, braucht Trittsicherheit und gute Kondition. Dann aber liegt ihm die Natur zu Füßen, Naturerlebnis und Naturwunder sind nicht weit voneinander entfernt, ob das sagenhafte Schauspiel der Zweribachwasserfälle oder die blumenbunten Hangwiesen entlang der Gutach, auf denen das Jungvieh grast. Die Teichschlucht mit ihren riesigen Felsblöcken und moosüberzogenen Bäumen oder aber die Ausblicke von Kandel und Hörnleberg machen die Tour unvergesslich. Wer will, besichtigt noch die Wallfahrtskapelle »Unserer lieben Frau« auf dem Hörnleberg. Immerhin pilgern am Wochenende viele Gläubige hierher. Zwischen den einzelnen Etappen erwarten die Wanderer immer wieder Hütten wie etwa die Plattenhütte, die Hintereckhütte, das Schänzle oder das Rössle, die mit badisch-alemannischen Köstlichkeiten aufwarten.

Doch was macht den Weg zum Herzlesweg? Sind es die kleinen Aufmerksamkeiten der Hüttenwirte? Immerhin erhalten die Übernachtungsgäste des Rössle ein Lunchpaket mit auf den Weg. Eine nette Geste. Der aufmerksame Gast hat es längst bemerkt: Mit der »Zwei« des Zweitälerlandes wurde grafisch gespielt und der Umriss eines roten Herzens skizziert, der auf grüner Raute den Weg markiert. Eigentlich ganz einfach, denn wir sind ja auf dem Zweitälersteig.

Schwarzwaldverein e.V.

Adresse 79183 Waldkirch, Informationen über die einzelnen Etappen unter www.zweitaelersteig.de | **ÖPNV** BSB-Zug 7201 Richtung Waldkirch, umsteigen in SBG-Bus 7201, in Buchholz bis Waldkirch fahren. | **Anfahrt** B 294 nach Waldkirch; Parkmöglichkeit am Naturerlebnispark Waldkirch. Dort beginnt der Zweitälersteig. | **Tipp** Der Bau von Dreh- und Jahrmarktsorgeln ist in Waldkirch zu Hause: Das Elztalmuseum zeigt in seinem Barockbau das ganze Spektrum des Waldkircher Orgelbaus. Die Sammlung ist inzwischen international bekannt.

111 Die Heuhüttenwiesen
Museum für alpine Grasbewirtschaftung?

Auf Weisenbacher Markung sind es allein 200 Heuhütten; mit den Nachbargemarkungen Forbach, Bermersbach, Langenbrand und Gausbach nahezu 2.000 Heustadel im mittleren Murgtal zwischen Forbach und Weisenbach und in den Seitentälern – was für eine Zahl! Ein besonderes Kulturwunder bäuerlichen Schaffens aus kärglichen Zeiten.

Diese reizvolle Kulturlandschaft mit ihren vielen Heuhütten erinnert an die Heustadel der alpinen Weidewirtschaft im Allgäu. Alpin geht's in der Tat zu: Wiesen und Weiden mit 30 Grad Hangneigung und mehr sind keine Seltenheit. Die auch als »Heuscheuer« bezeichneten Hütten haben meist Buntsandstein- oder Granitfundamente, oder sie ruhen auf Holzpflöcken. So ist das Heu vor Feuchtigkeit geschützt. Die Enge der Täler hat die Menschen zum Bau dieser Zweitscheunen veranlasst. Am Hof selbst war kein Platz für das Winterfutter. In einem speziellen Tragegestell – der Krätze – wurde das Heu dann im Winter geholt. Kleinere Mengen beförderte man in Rückenkörben, den Kitschen, woher der Spottname der Murgtaler rührt. Die damaligen Arbeitsbedingungen sind schwerlich nachzuvollziehen. Ein ausgeklügeltes Bewässerungssystem mit hangparallelen Zu- und Ableitrinnen ermöglichte die Wiesenbewässerung. Damit wird das Naturwunder zum Kulturwunder.

Seit vielen Jahren werden die Heuhüttentäler nicht mehr bewirtschaftet. Mit der Aufgabe der Landwirtschaft verschwindet auch eine kleinteilige Kulturlandschaft mit ihrer hohen Artenvielfalt. Nicht zu vergessen der Freizeitwert. Für Touristen und für die Nachwelt soll diese Kulturlandschaft erhalten bleiben: Viele Wiesenbesitzer und auch Ehrenamtliche haben es geschafft, einige Täler (wie etwa das Latschigbachtal) von der Verbuschung – etwa durch Beweidungsprojekte mit Ziegen – frei zu halten. Somit kann diese einzigartige Kulturlandschaft Naturliebhabern zugänglich bleiben. Zahlreiche Naturerlebnispfade wurden angelegt.

Adresse 76599 Weisenbach | **ÖPNV** S 31 von Rastatt nach Weisenbach. | **Anfahrt** Von Rastatt über die B 462 Richtung Forbach gelangt man nach Weisenbach. Das Gaisbach-tal (auch Fürholztal genannt) erstreckt sich oberhalb des Weisenbacher Sportplatzes in Richtung Rote Lache. Das Latschigbachtal befindet sich rechts der Murg. Der Einstieg zum Tal erfolgt bei der evangelischen Kirche. | **Tipp** Immer für eine Erfrischung gut ist das Weisenbacher Schwimmbad, das idyllisch ins Latschigbachtal eingebettet ist.

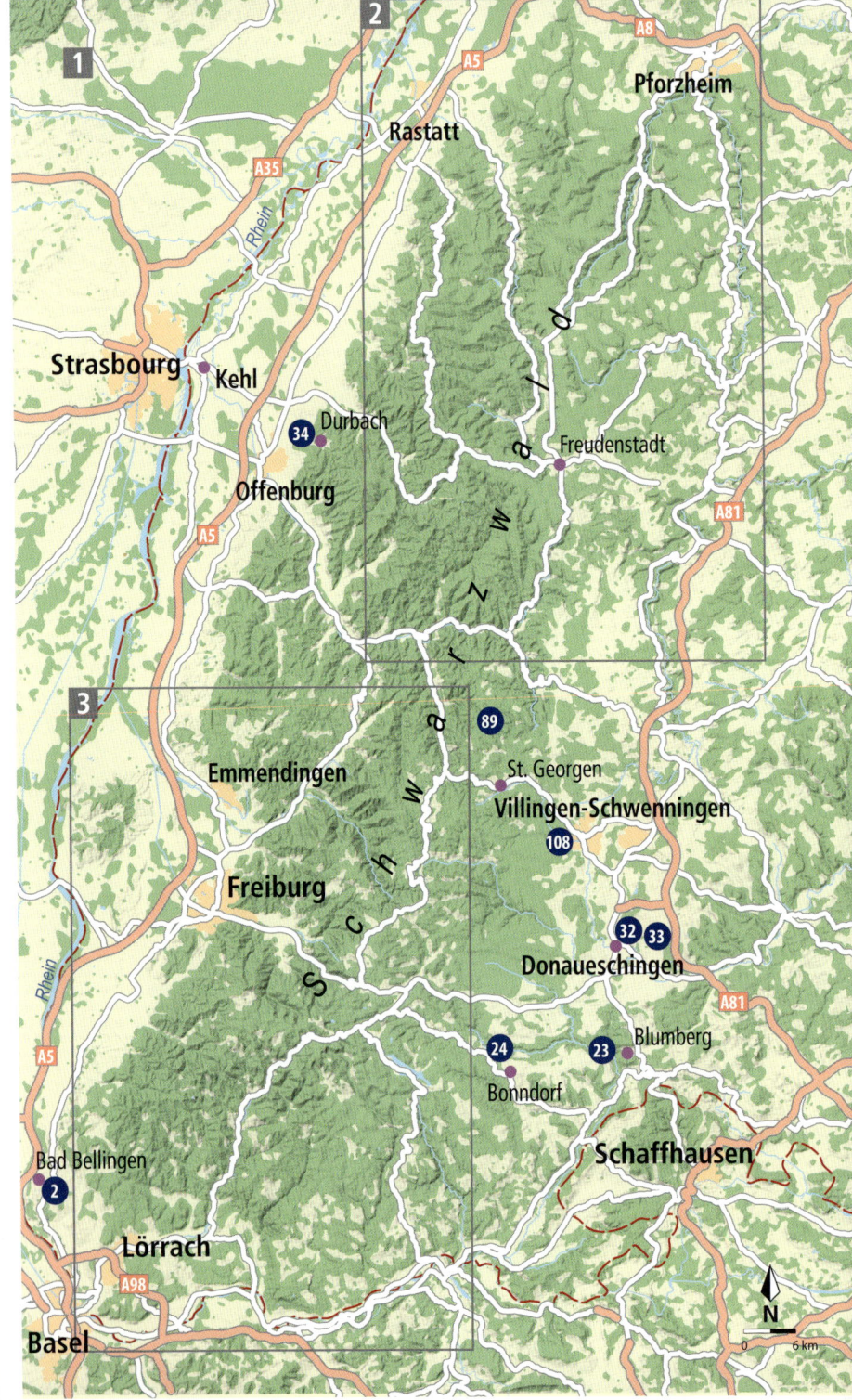

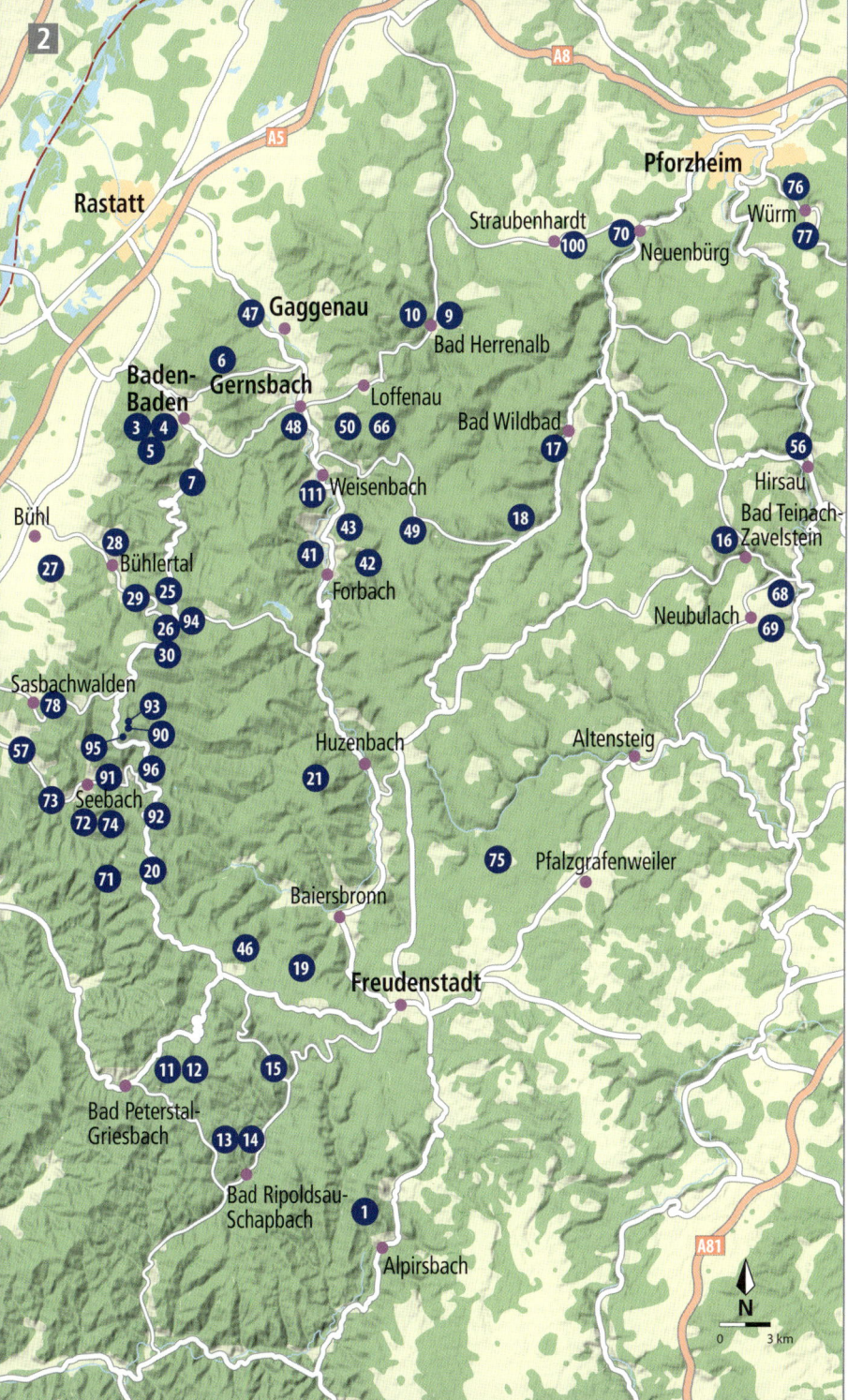

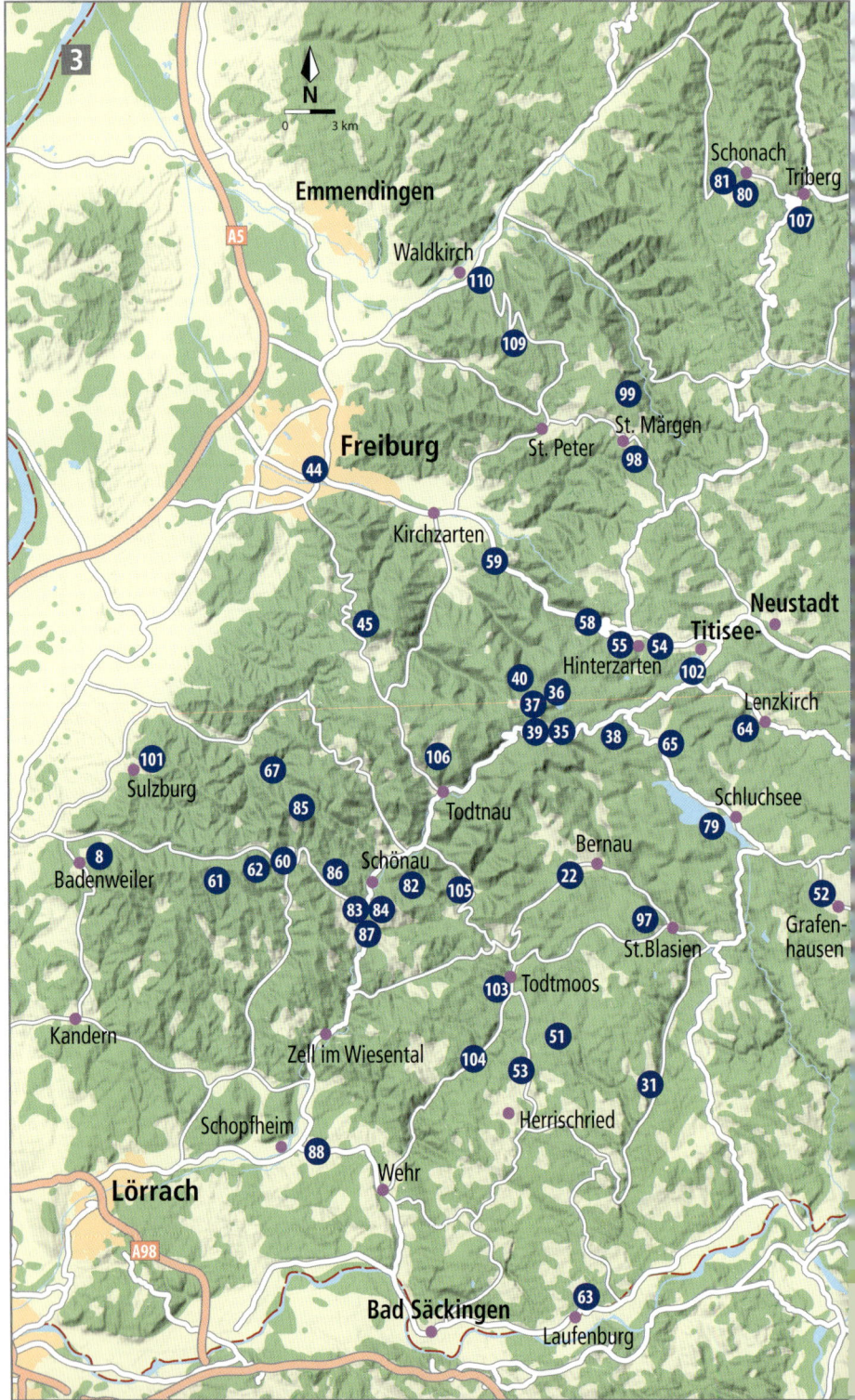

Marion Rapp

111 SCHÄTZE DER NATUR RUND UM DEN BODENSEE,
DIE MAN GESEHEN HABEN MUSS

ISBN 978-3-95451-619-3

Es gibt sie noch: turtelnde Taucher, steinerne Reisende und blühende Blickfänge in der dicht besiedelten Gegend rund um den Bodensee. Abseits der Promenaden, Ausflugsdampfer und Hafencafés lohnt ein Blick in die oft, aber nicht immer versteckten Winkel am Ufer und im Hinterland des Schwäbischen Meeres, wo natürliches Geschnatter, geheimnisvolle Sümpfe, prachtvolle Blütenteppiche und märchenhafte Schluchten die Besucher auf stille und ursprüngliche Art verzaubern. Dieses Buch ist weder Wanderführer noch Naturschutzfachbuch, sondern eine herzliche Einladung, die quirlige Bodenseeregion und das idyllische Oberschwaben aus dem Blickwinkel der Natur zu betrachten und zu erleben. Überraschungen sind vorprogrammiert, auch für alteingesessene Seeanwohner!

Rüdiger Liedtke
**111 Orte auf Mallorca, die
man gesehen haben muss**
ISBN 978-3-89705-975-7

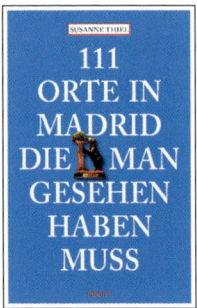

Susanne Thiel
**111 Orte in Madrid, die
man gesehen haben muss**
ISBN 978-3-95451-118-1

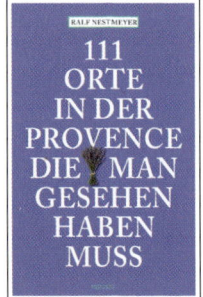

Ralf Nestmeyer
**111 Orte in der Provence, die
man gesehen haben muss**
ISBN 978-3-95451-094-8

Peter Eickhoff
**111 Orte in Wien, die
man gesehen haben muss**
ISBN 978-3-89705-969-6

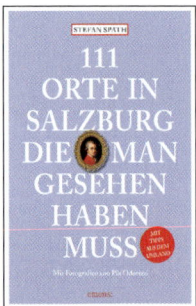

Stefan Spath
**111 Orte in Salzburg, die
man gesehen haben muss**
ISBN 978-3-95451-114-3

Jo-Anne Elikann
**111 Orte in New York, die
man gesehen haben muss**
ISBN 978-3-95451-512-7

Dirk Engelhardt
**111 in Barcelona, die man
gesehen haben muss**
ISBN 978-3-95451-066-5

John Sykes
**111 Orte in London, die
man gesehen haben muss**
ISBN 978-3-95451-117-4

Annett Klingner
**111 Orte in Rom, die
man gesehen haben muss**
ISBN 978-3-95451-219-5

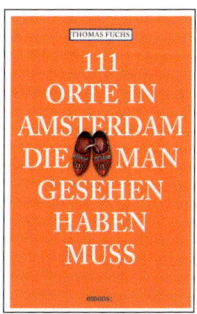

Thomas Fuchs
111 Orte in Amsterdam, die man gesehen haben muss
ISBN 978-3-95451-209-6

Stefan Spath, Gerald Polzer
111 Orte im Salzkammergut, die man gesehen haben muss
ISBN 978-3-95451-231-7

Christiane Bröcker,
Babette Schröder
111 Orte in Stockholm, die man gesehen haben muss
ISBN 978-3-95451-203-4

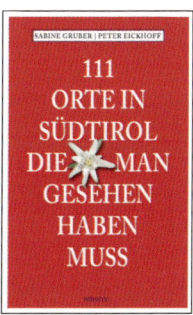

Sabine Gruber, Peter Eickhoff
111 Orte in Südtirol, die man gesehen haben muss
ISBN 978-3-95451-318-5

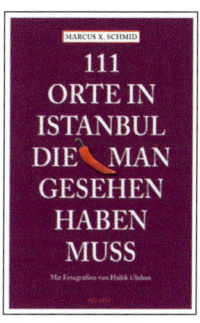

Marcus X. Schmid
111 Orte in Istanbul, die man gesehen haben muss
ISBN 978-3-95451-333-8

Gerd Wolfgang Sievers
111 Orte in Venedig, die man gesehen haben muss
ISBN 978-3-95451-352-9

Rüdiger Liedtke,
Laszlo Trankovits
111 Orte in Kapstadt, die man gesehen haben muss
ISBN 978-3-95451-456-4

Eckhard Heck
111 Orte in Maastricht, die man gesehen haben muss
ISBN 978-3-95451-368-0

Petra Sophia Zimmermann
111 Orte am Gardasee und in Verona, die man gesehen haben muss
ISBN 978-3-95451-344-4

Lucia Jay von Seldeneck,
Carolin Huder, Verena Eidel
**111 Orte in Berlin, die
man gesehen haben muss**
ISBN 978-3-89705-853-8

Bernd Imgrund
**111 Kölner Orte, die man
gesehen haben muss**
Band 1
ISBN 978-3-89705-618-3

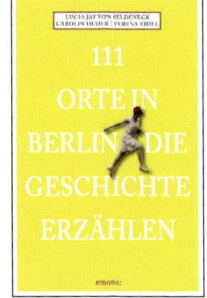

Lucia Jay von Seldeneck,
Carolin Huder, Verena Eidel
**111 Orte in Berlin,
die Geschichte erzählen**
ISBN 978-3-95451-039-9

Rike Wolf
**111 Orte in Hamburg, die
man gesehen haben muss**
ISBN 978-3-89705-916-0

Gabriele Kalmbach
**111 Orte in Stuttgart, die
man gesehen haben muss**
ISBN 978-3-95451-004-7

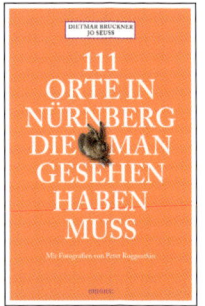

Dietmar Bruckner, Jo Seuß
**111 Orte in Nürnberg, die
man gesehen haben muss**
ISBN 978-3-95451-042-9

Rüdiger Liedtke
**111 Orte in München, die
man gesehen haben muss**
ISBN 978-3-89705-892-7

Rike Wolf, Tom Wolf
**111 Orte in Frankfurt, die
man gesehen haben muss**
ISBN 978-3-95451-342-0

Peter Eickhoff
**111 Düsseldorfer Orte, die
man gesehen haben muss**
ISBN 978-3-89705-699-2

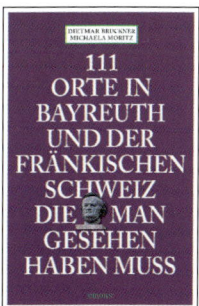

Dietmar Bruckner,
Michaela Moritz
**111 Orte in Bayreuth und der
Fränkischen Schweiz, die
man gesehen haben muss**
ISBN 978-3-95451-130-3

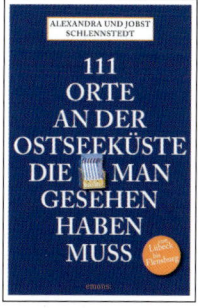

Alexandra und
Jobst Schlennstedt
**111 Orte an der
Ostseeküste, die man
gesehen haben muss**
ISBN 978-3-89705-824-8

Ulf Annel
**111 Orte in Erfurt, die man
gesehen haben muss**
ISBN 978-3-95451-022-1

Werner Schwanfelder
**111 Orte in Mittelfranken,
die man gesehen haben muss**
ISBN 978-3-95451-336-9

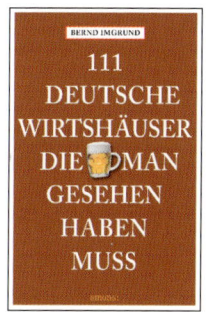

Bernd Imgrund
**111 deutsche Wirtshäuser, die
man gesehen haben muss**
ISBN 978-3-95451-080-1

Cornelia Kuhnert
**111 Orte in Hannover, die
man gesehen haben muss**
ISBN 978-3-95451-086-3

Dietlind Castor
**111 Orte am Bodensee, die
man gesehen haben muss**
ISBN 978-3-95451-063-4

Daniela Bianca Gierok,
Ralf H. Dorweiler
**111 Orte im Schwarzwald, die
man gesehen haben muss**
ISBN 978-3-89705-950-4

Bernd Imgrund
**111 Orte in der Eifel, die
man gesehen haben muss**
ISBN 978-3-95451-003-0

Fotonachweis

© der Fotografien Karin Blessing, außer

Kap. 2: Hansjörg Stücklin; Kap. 5, 11, 12, 13, 17, 18, 21 oben, 36, 42, 48, 75, 88 oben, 91 oben, 92: Renate Kaindl; Kap. 6: mauritius images / Roland T. Frank; Kap. 7: Staatliche Schlösser und Gärten BW, Achim Mende; Kap. 8: Jürgen Schulze; Kap. 9, 10, 14, 19, 24, 46, 77, 83, 89: Alfred Limbrunner; Kap. 15, 47, 52, 108, 109: Claus-Peter Hutter; Kap. 20, 38, 40, 43, 57, 71, 86, 90, 100, 107: Roland Bauer; Kap. 21 unten, 23, 26, 50, 87, 88 unten, 91 unten, 94, 106: Günter Schulze; Kap. 22: Staatliche Versuchsanstalt für Wein- und Obstbau Weinsberg; Kap. 29, 61: Kurt Rapp; Kap. 31: Matthias Bernhart; Kap. 37: mauritius images / Prisma; Kap. 39: mauritius images / Alamy; Kap. 41 unten: Gerd Wolpert; Kap. 41 oben, 72, 98: Martina Neher; Kap. 51: Naturschutzzentrum Bad Wurzach Franz Renner; Kap. 76: Thomas Hagenauer; Kap. 93: Josef Christan; Kap. 96: Dietmar Nill; Kap. 103: mauritius images / image BROKER / Siepman.

Die Autorin

Karin Blessing, Jahrgang 1959, studierte in Stuttgart Biologie und Geografie, promovierte über Artenwissen an der Universität Gießen und arbeitet seit 1988 bei der Umweltakademie Baden-Württemberg. Schon als Kind lernte sie den Schwarzwald mit der Familie kennen, vergaß ihn ob mancher Reise in ferne Gefilde und hat ihre Liebe zu ihm neu entdeckt.